UML
应用开发教程

——基于Rational Rose、Java与MySQL实现

宋波　毕婧◎编著

清華大學出版社

北　京

内 容 简 介

本书基于 UML 与 Rational Rose 建模工具,详细介绍 UML 的用例图、顺序图、协作图、类图、状态图、活动图、组件图和部署图,介绍数据建模、Web 建模、Rose 建模工具的主要用法等。同时,本书选择 JDK 9 与 MySQL 8.0 作为信息系统的运行环境,深入探讨如何基于 UML 与 Rose 建模工具开发与运行 Java 信息系统。本书注重理论与实践相结合,每章都有大量的实例,对重点实例阐述编程思想并归纳必要的结论和概念。本书的电子教案与实例源代码等配套教学资源均可在清华大学出版社网站免费下载。

本书可作为高等院校计算机相关专业的教材,也可作为相关从业人员的自学参考书。

图书在版编目(CIP)数据

UML 应用开发教程:基于 Rational Rose、Java 与 MySQL 实现/宋波,毕婧编著. —北京:清华大学出版社,2023.8

ISBN 978-7-302-63778-3

Ⅰ. ①U… Ⅱ. ①宋… ②毕… Ⅲ. ①面向对象语言－程序设计－高等学校－教材
Ⅳ. ①TP312.8

中国国家版本馆 CIP 数据核字(2023)第 101385 号

责任编辑:郭　赛
封面设计:杨玉兰
责任校对:韩天竹
责任印制:沈　露

出版发行:清华大学出版社
　　　　　网　　　址:http://www.tup.com.cn,http://www.wqbook.com
　　　　　地　　　址:北京清华大学学研大厦 A 座　　　邮　　编:100084
　　　　　社 总 机:010-83470000　　　　　　　　　　邮　　购:010-62786544
　　　　　投稿与读者服务:010-62776969,c-service@tup.tsinghua.edu.cn
　　　　　质量反馈:010-62772015,zhiliang@tup.tsinghua.edu.cn
　　　　　课件下载:http://www.tup.com.cn,010-83470236
印 装 者:三河市龙大印装有限公司
经　　销:全国新华书店
开　　本:170mm×230mm　　　印　张:16　　　字　数:296 千字
版　　次:2023 年 10 月第 1 版　　　印　次:2023 年 10 月第 1 次印刷
定　　价:59.90 元

产品编号:100441-01

前言
PREFACE

一、本书的定位

统一建模语言(UML)是面向对象领域占据主导地位的标准建模语言,掌握 UML 不仅有助于理解面向对象的分析与设计方法,也有助于对软件开发过程的理解和运用。Java 语言具有简单性、可移植性、稳定与安全性、多线程等许多优良特性,使得它成为基于 Internet 应用开发的首选编程语言。Rational Rose 是目前业界应用非常广泛的建模工具。Rose 支持 UML 的全部图形建模。通过 Rose 的双向工程,可以将 Rose 模型与 Java、C++ 等计算机语言实施双向转换。特别地,Rose 逆向工程技术对于软件系统的代码维护、升级具有重要意义。MySQL Community(社区版)是一种开源软件,可以免费使用,同时提供专业数据库产品的功能。

目前,单纯编写 UML、Rational Rose、Java 语言程序设计、MySQL 数据库的书籍较多,但是将这四者有机结合起来,基于 UML 建模语言开发信息系统的书籍却不曾见到。而且,四者应用的软件都可以在网上免费下载使用,其实验环境的构建在单机与网络环境下都可以实现,具有软硬件环境投资少、经济实用、构建简单等特点,对各类高等院校的教学与实验都非常适用。本书在编写上体现了简单易学的特点,步骤清晰、内容丰富,并带有大量插图以帮助读者理解基本内容,同时对内容的编排和例题的选择做了严格的控制,确保一定的深度与广度。书中每个例题都配有执行结果插图,并对源代码进行了分析与讨论。书中每章的课后习题收录在本书的电子课件中。同时,本书提供读者交流群(QQ群:818633365),欢迎读者入群交流心得。如果学习本书的读者具备 Java 语言程序设计的基础,学习本书将会感到得心应手。

二、本书的知识体系

本书共 17 章。第 1~8 章介绍了 UML 的基础知识以及 UML 图。第 9~

12 章介绍了 Rose 双向工程、Web 建模、RUP 软件开发过程以及 Rose 业务视图。第 13～17 章以"图书管理系统"的建模与开发为综合案例,介绍了如何基于 UML、JDK、MySQL 以及 Rose 建模工具开发与运行一个 Java 信息系统。

本书由宋波、毕婧编著,宋波完成书稿的修订、完善、统稿和定稿工作。

本书从选题到立意,从酝酿到完稿,自始至终得到了学校、院系领导和同行教师以及清华大学出版社的关心与指导。本书也吸纳和借鉴了中外参考文献中的原理、知识和资料,在此一并致谢。

由于作者教学、科研任务繁重且水平有限,加之时间紧迫,对于书中存在的错误和不妥之处,诚挚欢迎读者批评指正。

宋 波

2023 年 8 月

目录
CONTENTS

Chapter 1
第1章

UML 概述

UML(Unified Modeling Language,统一建模语言)是一种可以用于任何软件开发过程的标记法和语义语言。UML 使用一种图形符号描述软件模型,这些符号具有简单、直观、规范的特点。UML 可以从不同角度和方法描述人类观察到的软件视图,描述在不同开发阶段中的软件形态。在软件工程中,可以用 UML 建立面向对象的软件系统的需求分析、系统分析与设计、系统实现与部署的软件模型。

本章首先介绍 UML 的发展简史,然后介绍 UML 的建模要素、标准视图、UML 图与 OOP(Object-Oriented Programming,面向对象程序设计)之间的关系,最后阐述 UML 的应用领域以及 UML 与软件开发的各个阶段的对应关系。

1.1 UML 发展简史

表 1.1 描述了 UML 的发展简史。

表 1.1 UML 发展简史

发 布 时 间	UML 版 本	发 展 阶 段
2003 年 3 月	UML 2.0	工业化阶段
2003 年 3 月	UML 1.5	工业化阶段
2001 年 9 月	UML 1.4	工业化阶段
1999 年 6 月	UML 1.3	工业化阶段
1997 年 9 月	UML 1.1	标准化阶段
1997 年 1 月	UML 1.0	标准化阶段
1996 年 6～10 月	UML 0.9 & UML 0.91	统一阶段
1995 年 OOPSLA 国际会议	Unified Method 0.8	统一阶段

UML 是由世界著名的面向对象技术专家 Booch、Rumbaugh 和 Jacobson 发起,在 Booch 方法、OMT(Object Modelling Technology,对象建模技术)方法和 OOSE(Object-Oriented Software Engineering,面向对象软件工程)方法的基础上,汲取其他面向对象方法的优点并广泛征求意见,几经修订而成的。目前,UML 得到了 IBM、HP、Oracle、Microsoft 等诸多著名的大型软件公司的支持,已经成为面向对象技术领域占主导地位的标准建模语言。

Booch 是面向对象方法最早的倡导者之一,他提出了面向对象软件工程的概念。1991 年,他将以前进行的面向 Ada 的工作扩展到整个面向对象设计领域。1993 年,Booch 对其方法做了一些改进,使之适用于系统的设计和构造。Booch 在其 OOAda 中提出了面向对象开发的 4 个模型——逻辑视图、物理视图及其相应的静态和动态语义。对于逻辑结构的静态视图,OOAda 提供了对象图和类图;对于逻辑结构的动态视图,OOAda 提供了状态变迁图和交互图,对于物理结构的静态视图,OOAda 提供了模块图和进程图。

Jacobson 于 1994 年提出了 OOSE 方法,该方法的最大特点是面向用例。OOSE 由用例模型、域对象模型、分析模型、设计模型、实现模型和测试模型组成。其中,用例模型贯穿于整个开发过程,并驱动了所有其他模型的开发。

Rumbaugh 等提出了 OMT 方法。在该方法中,系统是通过对象模型、动态模型和功能模型描述的。其中,对象模型用来描述系统中各对象的静态结构以及它们之间的关系;功能模型描述系统实现了什么功能,它通过数据流图描述如何由系统的输入值得到输出值。功能模型只能指出可能的功能计算路径,而不能确定哪一条路径会实际发生;动态模型则描述系统在何时实现其功能(控制流),每个类的动态部分是由状态图描述的。

UML 作为一种建模语言,具有以下特点。

(1) UML 统一了各种方法对不同类型的系统、不同的软件开发阶段以及不同内部概念的不同观点,从而有效地消除了各种建模语言之间的许多不必要的差异。也就是说,UML 是一种通用的建模语言,可以为许多面向对象建模方法的用户所广泛使用。

(2) UML 的建模能力比其他面向对象建模方法更强大。UML 不仅适用于一般系统的开发,对并行、分布式系统的建模也是尤为适用的。

(3) UML 是一种建模语言,而不是一个开发过程。

1.2　UML 建模要素

UML 作为一种软件系统的建模语言,提供了描述事物实体、性质、结构、功能、行为、状态和关系的建模元素。UML 通过一组图描述由建模元素构成的多

种模型。UML 建模要素包括基本建模元素、关系元素和图三大类,如图 1.1
所示。

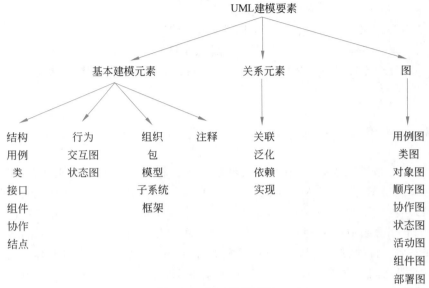

图 1.1　UML 建模要素

1. 基本建模元素

基本建模元素可以分为结构、行为、组织和注释 4 类。

- 结构建模元素——反映事物和描述实体,包括用例、类、接口、构件、协作
  和结点等元素。
- 行为建模元素——反映事物之间的交互过程和状态变化,这类建模元素
  有交互图和状态图。
- 组织建模元素——描述通过一组模型元素反映的模型、子系统、框架等
  的组织,包括包、模型、子系统、框架等元素。
- 注释建模元素——在建模过程中用来对模型进行注释和描述性说明。

2. 关系元素

关系元素反映了模型元素之间的关系,包括关联、泛化、依赖和实现。

3. 图

通过基本建模元素构成的图用来表示软件模型。UML 图包括用例图(Use
Case Diagram)、类图(Class Diagram)、对象图(Object Diagram)、顺序图
(Sequence Diagram)、协作图(Collaboration Diagram)、状态图(Status

Diagram)、活动图(Activating Diagram)、组件图(Component Diagram)以及部署图(Deployment Diagram)。

4. 图形表示

UML 定义了两类 8 种图形,用来表示各种软件模型。

- 静态结构图——包括类图、对象图、组件图、部署图。
- 动态行为图——包括用例图、交互图(顺序图和协作图)、状态图以及活动图。

1.3 UML 标准视图

UML 是用来描述模型的,而模型用来描述软件系统的结构或静态特征,以及行为或动态特征。UML 定义了 9 种图,这 9 种图就是 UML 的内容。另外,UML 还提供了视图(View)的概念。视图并不是一种图(Graph),它是由若干图(Diagram)组成的一种抽象,即每种视图可以用若干图描述。一幅图包含软件系统某一特殊方面的信息,阐明了软件系统的一个特定方面的内容。由于在不同视图之间存在着一些交叉,所以一幅图可以作为多个视图的一部分。一幅图由若干模型元素组成,模型元素表示图中的概念。UML 中的类、对象、用例、结点、接口、包、注解、组件等都是模型元素,用于表示模型元素之间相互连接的关系也是模型元素,UML 中的关联、泛化、依赖、聚集等也都是模型元素。

与图相比,视图仅仅是一个观察视点,图才真正描述了软件系统。一般地,软件系统的分析是以图为主的,但是对图进行管理时,可以将它们组织为视图。视图的划分并无固定的方式,可以根据实际情况进行划分。

常用的 UML 工具软件也不一定必须默认支持全部的视图。可以说,图是实际软件系统模型的描述,视图是图的组织。UML 中有 5 种标准视图——用例视图(Use Case View)、逻辑视图(Logic View)、进程视图(Process View)、组件视图(Component View)以及部署视图(Deployment View)。

1. 用例视图

用例视图是从用户的角度看到的系统功能,是被称为参与者的外部用户能观察到的系统功能模型图。用例视图实际上并没有描述软件系统的组织,而是描述了形成系统体系结构的构成。

在 UML 中,用例视图的静态方面用用例图描述;动态方面用协作图、状态图和活动图描述。用例视图是中心,因为它的内容决定了其他视图的设计。用例视图还可以用于确认和最终验证系统是否完成了指定的功能。用例视图只考虑系统应提供什么样的功能,对这些功能的内部运作情况一般不予考虑。

2. 逻辑视图

逻辑视图描述了系统内部的设计和协作状况,显示了系统内部的功能是怎样设计的。逻辑视图利用系统的静态结构和动态行为刻画系统的功能。其中,静态结构描述了类、对象以及两者之间的关系。逻辑视图针对分析者、设计者和编程者。静态结构在类图和对象图中描述,动态建模用状态图、顺序图、协作图和活动图描述。

3. 进程视图

进程视图体现了系统的动态行为特征。进程视图除了将系统分割成并发执行的控制进程外,还必须处理这些进程间通信的同步。进程视图针对开发者和系统集成者,用于描述性能、可伸缩性以及系统的吞吐量。在 UML 中,进程视图的动态和静态描述与逻辑视图相同。

4. 组件视图

组件视图显示了代码组件的组织方式,实现了模块之间的依赖关系。组件视图包含用于装配和发布系统的组件和文件。组件视图主要针对发布的配置观察,其中的组件和文件可以用各种形式装配并产生运行时的系统,描述这种装配方式的就是组件视图。组件视图的静态方面由组件图描述,动态方面由协作图、状态图、活动图描述。

5. 部署视图

部署视图显示了系统的物理框架,即系统是如何在物理设备上部署的,例如计算机和其他设备以及它们之间的连接方式。其中,计算机和设备被称为结点。部署视图主要描述组成物理系统的部件的分布、特性以及交付情况。部署视图的静态内容由部署图描述,动态方面由协作图、状态图、活动图描述。

1.4　面向对象领域中的概念

本节将对面向对象领域中的几个基本概念和术语做简要阐述,这些概念和术语包括对象、实例、类、属性、方法、封装、继承、多态、消息等。

1. 对象和实例

对象(Object)是系统中用来描述客观事物的一个实体,是构成系统的一个基本单位。一个对象由一组属性和对这组属性进行操作的一组方法组成。从抽象的角度观察,对象是问题域或实现域中某些事物的一个抽象,反映了事物在系统中需要保存的信息和具有的功能,是一组属性和有权对这些属性进行操作的一组方法的封装体。客观世界就是由对象和对象之间的联系组成的。

消息(Message)是向对象发出的服务请求,包含提供服务的对象标识、服务标识、输入信息和应答信息。对象之间通过消息通信。一个对象通过向另一个对象发送消息激活某一个功能。

一个对象是类的实例(Instance)。实例这个概念不仅仅是针对类而言的,UML 建模元素也有实例,例如,关联的实例就是链接。

2. 类

类(Class)是指具有相同属性和方法的一组对象的集合,它为属于该类的所有对象提供了统一的抽象描述。类是一个独立的程序单位,有一个类名并包括属性说明和方法说明,类的实例化结果就是对象,而对对象的抽象就是类。同类对象具有相同的属性和方法,这是指它们的定义形式相同,而不是指每个对象的属性值都相同。类是静态的,类的语义和类之间的关系在程序执行前就已经定义好了;而对象是动态的,对象是在程序执行时创建和删除的。

3. 封装

封装(Encapsulation)是把对象的属性和方法结合成一个独立的单位,并尽可能地隐藏对象的内部细节。封装包含以下两个基本含义。

- 把对象的全部属性数据和对数据的全部操作(方法)结合在一起,形成一个不可分割的独立单位,即对象。
- 信息隐藏,即尽可能地隐藏对象的内部细节,只保留有限的对外接口,对数据的操作都通过这些接口实现。

封装的原则在软件上的体现就是:要求使对象以外的部分不能随意存取对象的内部数据(属性),从而有效地避免了外部错误对它的"交叉感染",这样就可以使软件错误局部化,大幅减少查错和排错的难度。

在面向对象程序设计中,一个类通过信息隐藏与封装形成了一个完整的、相对独立的概念。由这些概念刻画的对象都具有相同的属性,并表现出相同的行为。属于不同类的对象具有不同的特征,从而使得不同类的对象可以区分开来。

4. 继承

引入类的继承(Inheritance)机制是为了有效地利用现有的类定义新的类,这样在 OOP 时,就不必每次都从头开始定义一个新的类,而是将这个新的类作为一个或若干现有类的扩充或特殊化。特殊类的对象拥有其一般类的全部属性与方法,称为特殊类对一般类的继承。通常,称一般类为父类(Superclass,超类),称特殊类为子类(Subclass)。继承可以分为单继承和多继承。如果一个子类只从一个父类继承,称为单继承。如果一个子类可以从多于一个的父类继承,称为多继承。如果不使用继承,每个类都必须显式地定义其所有的属性和方法。使用继承后,定义一个新的类时只需要定义那些与其他类不同的属性和方法,那些与其他类相同的通用属性和方法则可以从其他类继承,而不必逐一显式地定义这些通用的属性和方法。

在子类中,可以增加或重新定义继承的属性和方法,如果是重新定义,则称为覆盖(Override)。与覆盖类似的一个概念是重载(Overload),重载是指一个类中有许多同名的方法,但这些方法的操作数或操作数的类型不同。

5. 多态

对象的多态性(Polymorphous)是指一般类中定义的属性或方法被特殊类继承后,可以具有不同的数据类型或表现出不同的行为,这使得同一个属性或方法在一般类及其各个特殊类中具有不同的语义。例如,"椭圆"和"多边形"都是"几何图形"的子类,那么在"几何图形"中定义的"绘图"方法,与其两个子类中定义的"绘图"方法在功能上显然不同。

1.5　UML 图与 OOP 的关系

UML 本身就是基于面向对象思想的系统模型的图形化表达方法。因此,UML 中定义的所有图都是围绕面向对象的系统模型定义的。

1. 类图和状态图

面向对象的核心思想是类,要清楚地描述一个类的信息,就要从类的静态结构、空间位置(与其他类之间的继承关系)和生命周期三个角度进行。因此,UML 定义了类图,用于完成对类的静态结构和空间位置的刻画。另外,UML 中还设计了状态图,用于描述类的生命周期,这是对于一个类的动态描述。

2. 活动图

在一个类的内部,类的属性就是数据结构,这不需要进一步的描述,需要描述的是方法。类图中只有方法的声明,没有方法的实现方式的定义,因此需要描述方法是如何实现的,即对于算法的描述。UML 中定义了活动图以完成这个工作。活动图中可以出现多个类,这是因为一个类中的方法可能调用另一个类中的方法。活动图可以完成传统的程序流程图承担的任务,以刻画一个类内部的方法信息。

3. 顺序图和协作图

当超出一个类的范围,把观察的视点放在一个类的范围以上的一个层次时,对于系统行为的描述,就需要不同类之间的合作。为了描述类之间是如何使用消息进行合作的,UML 定义了顺序图,以及完全可以和它相互替换使用的协作图。这两个图可以担负起刻画类之间的合作的任务。

4. 对象图

对象作为类的实例,是实际起作用的单元。如果需要考虑对象之间的关系,可以使用对象图对对象之间的关系进行描述。在具体应用中,一般不绘制完整的对象图,而是使用顺序图或者协作图描述对象之间的消息协作。

5. 面向对象系统模型

在定义了上述几种 UML 图的基础上,就可以用 UML 图完整地描述面向对象软件系统模型了,如图 1.2 所示。

- 首先是需求分析,UML 定义了用例图。
- 其次,代码编写完成之后,一定要编译为可以运行的程序,而不只是源文件。为了描述软件系统完成后的组成,UML 定义了组件图。
- 最后,软件系统只有部署到实际环境中才能运行,UML 定义了部署图。

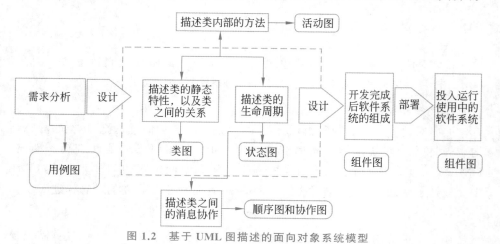

图 1.2　基于 UML 图描述的面向对象系统模型

1.6　UML 应用领域

UML 可用于企业信息系统、银行金融服务、电信、交通、国防、航空、零售领域、科学计算、基于分布式的 Web 应用系统等领域的软件系统建模。UML 在面向对象软件开发的各个阶段都能够得到应用。

- 需求分析——写出《系统需求规格说明书》,用用例图对系统的需求进行建模。

- 系统分析——根据《系统需求规格说明书》分析系统中的主要类,画出系统的类图。同时,用状态图和顺序图等动态模型描述系统的动态行为。
- 系统设计——设计系统的结构并加以细化,确定系统中的包和类,画出更详细的类图。将分析中的动态模型进一步细化,确切地描述系统的行为,设计系统的用户界面。
- 系统实现——画出系统的组件图和部署图,最后由模型生成程序源代码,并对程序源代码进行完善。

1.7　UML 图与软件开发阶段

UML 中的每个图都强调了面向对象软件开发阶段某一方面的特性。图 1.3 描述了 UML 图之间的关系,以及它们在软件开发阶段所处的位置。

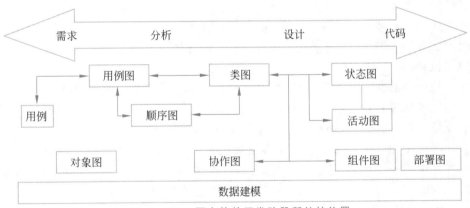

图 1.3　UML 图在软件开发阶段所处的位置

所有的软件工程方法都是从需求分析开始的,然后通过系统分析与系统设计进入系统编码、系统测试以及系统配置阶段,最后是系统维护阶段。如图 1.3 所示,当顶部的时序出现线性特征时,软件工程的实际过程趋于迭代的非线性特征。例如,分析和设计可能导致需要附加需求分析问题。

- 用例模型的提出对于软件开发方法的研究具有重要意义。在软件开发中,分析典型用例是开发者准确、迅速地了解用户需求和相关概念的有效方法,也是用户和开发者一起深入分析系统功能需求的起点。
- 对象图与类图相比更简洁、清晰,为对象及对象间的关系提供了很好的概览,类图可以很好地表述属性与对象的方法。重点放在对象间消息的协作图有助于开发者理解类的对象方法。
- 顺序图开始于用例建模期间,它需要使核心对象及其交互作用与开发过程的进展保持一致。
- 状态图和活动图应出现在开发过程的后期,提供对象内部逻辑与动态的更安全的理解。组件图和部署图也应出现在开发过程的后期。这些图更多地面向设计问题,而不是分析问题。
- 数据建模也出现在图中,数据建模通常与对象建模同步实施。

1.8　本章小结

从实际开发的角度考虑,当采用面向对象技术开发软件系统时,第 1 步是进行需求分析;第 2 步是在需求分析的基础上创建软件系统的静态模型,以构造软件系统的体系结构;第 3 步是描述软件系统的行为。其中,第 1 步和第 2 步创建的模型是静态的,包括用例图、类图(包图)、对象图、组件图和部署图这 5 个图,使用了静态建模机制。第 3 步创建的模型,或者是可执行的,或者表示执行时的时序状态或交互关系,包括状态图、活动图、顺序图以及协作图这 4 个图,是动态建模机制。

用面向对象方法开发的软件,其结构基于客观世界界定的对象结构。因此,与传统的软件相比,软件自身的内容结构发生了质的变化。软件的易用性和易扩充性都得到了提高,而且能够适应并支持需求的最新变化。

明确 UML 图在软件开发阶段所处的位置,对于将 UML 图正确地应用于软件开发的各个阶段是非常重要的。UML 正在成为描述软件系统的标准语言,并在实践中被人们认可,而不仅仅是一种正式的理论标准。

UML 是一种建模语言,而不是一种方法。任何方法都是由建模语言与建模过程两部分构成的。其中,建模语言提供方法中用于表示设计的符号;建模过程则描述了进行设计所需遵循的步骤。UML 统一了面向对象建模的基本概念、术语及图形符号,为人们建立了易于交流的共同语言。UML 适用于各种软件开发方法、软件生命周期的各个阶段、各种应用领域以及各种开发工具。UML 正在成为面向对象符号表示法事实上的标准。

需要说明的是,UML 并不讲述如何运用面向对象的概念与原则进行系统建模,而只是定义了用于建模的各种元素,以及由这些元素定义的各种图的构成规则。目前存在多种系统建模方法,不同方法使用的 UML 图的数量可能存在差异,而使用哪些 UML 图进行系统建模则主要取决于所用的建模方法。

第 2 章　Rational Rose 概述

Rational Rose(以下简称 Rose)是目前应用非常广泛的建模工具。Rose 支持 UML 用例图、交互图、类图、状态图、活动图、组件图与部署图。Rose 通过正向与逆向工程技术可以将基于 UML 创建的系统模型生成 C++、Java、Visual Basic 等计算机语言的源代码,也可以将系统模型逆向生成其相应的 Rose 模型。特别是逆向工程技术,对于软件系统代码的维护、升级具有重要的意义。

使用 UML 进行面向对象系统的设计需要一个科学、合理的建模过程,同时需要一个功能强大的可视化 UML 建模工具。本章将对 Rose 建模工具做概括性介绍,从第 3 章开始将简要介绍在 Rose 中绘制 UML 图的基本原理和方法。

2.1　Rose 简介

UML 建模工具是根据 UML 定义的规则实现的,提供了模型编辑、语法检查、代码生成以及逆向工程等功能。Rose 是 Rational 公司(现已被 IBM 公司收购)开发的世界知名的优秀 UML 建模工具。在 Rose 建模环境下,可以先建模系统,然后编写程序源代码,从而在一开始就保证了系统结构的合理性。同时,利用模型可以方便地捕获系统的设计缺陷,从而以较低的成本修正这些缺陷。

Rose 模型提供了一整套图形符号,对软件系统的需求分析、系统分析和系统设计进行形式化描述,使用的描述语言是 UML。Rose 模型包括各种 UML 视图、角色、用例、对象、类、组件和部署结点,可以用它们描述系统的内容和工作方法,开发人员可以用 Rose 模型作为系统开发的视图。

Rose 支持软件开发的正向和逆向工程。正向工程是指从需求分析开始按照工程项目的自然开发周期逐步进行分析、设计和实现;逆向工程是指从一个已经实现的系统开始,利用建模工具逐步获得该系统的设计思想和分析模型。

1. Rose 的特点

与其他 UML 建模工具相比,Rose 具有以下特点。

- 可以与 Rational 公司的其他工具(例如需求管理工具、配置管理工具、变更请求管理工具、测试工具、文档生成工具等)集成,这样就可以支持软件开发过程的各个阶段。
- 因为 Rose 的市场占有率较高,所以得到了许多第三方开发商的支持。
- 大型软件往往是团队开发的成果,Rose 提供了很多支持团队开发的机制。Rose 中提供的控制单元(模型文件)的概念是支持团队开发的基础。

2. Rose 软件设计

使用 Rose 进行软件设计的基本过程是首先启动 Rose,然后选择项目的向导以创建项目,其次是创建 UML 图,最后是运用正向工程生成源代码框架。

2.2　Rose 建模环境

Rose 提供了一套友好的界面帮助用户对系统进行建模。安装 Rose 之后,单击 Windows 操作系统的开始→程序→Rational Software→IBM Rational Rose Enterprise Edition 命令选项,则会出现如图 2.1 所示的选择 Rose 新建模型的应用框架(Framework)界面。开发人员可以选择 Java EE、J2SE 1.2、J2SE 1.3 等应用框架进行软件系统的分析与设计。

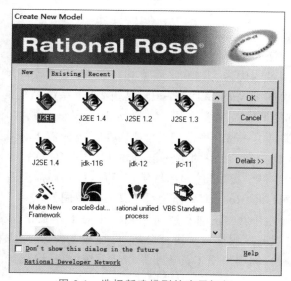

图 2.1　选择新建模型的应用框架

　　在图 2.1 中,也可以单击 Cancel 按钮,表示现在不确定实现的应用框架,以后再选择。本书选择 J2SE 1.3 框架实现。单击 OK 按钮,则会显示如图 2.2 所示的设计界面。

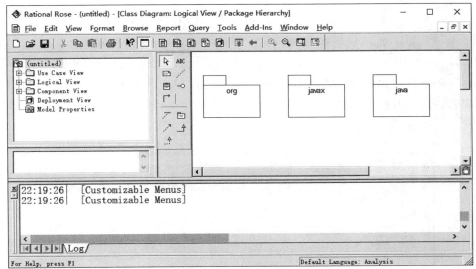

图 2.2　Rose 模型设计界面

　　右击浏览窗口中的 untitled 结点,在弹出的上下文菜单中选择 Save 选项,则将弹出如图 2.3 所示的文件保存对话框。单击对话框右上侧的创建文件夹图标,创建一个名字为 UMLExamples 的文件夹,然后选择该文件夹保存创建的 Rose 模型文件。在"文件名"文本框中输入"UML 面向对象技术实用教程",单

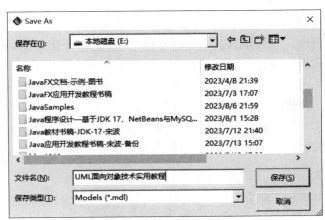

图 2.3　保存 Rose 模型

击"保存"按钮,则将创建一个名为"UML 面向对象技术实用教程.mdl"的文件。创建 Rose 模型文件后,就可以进行系统分析与设计了。

2.2.1 Rose 模型的视图

Rational Rose 模型提供了 4 种视图——用例视图(Use Case View)、逻辑视图(Logical View)、组件视图(Component View)以及部署视图(Deployment View)。每当创建一个扩展名为 mdl 的新的 Rose 模型时,Rose 将自动生成上述 4 种视图。Rose 把视图看作模型结构的第一层次。每种视图针对不同的对象,具有不同的用途,如图 2.4 所示。

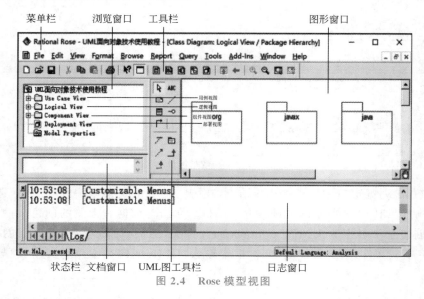

图 2.4 Rose 模型视图

- 用例视图——包括系统中的所有角色、用例以及用例图,还可以包括一些顺序图、协作图和活动图。
- 逻辑视图——用于描述系统如何实现用例的功能,还可以包括类图、包、类与类之间的关系、顺序图和协作图、状态图和活动图、对象、链接和消息等。
- 组件视图——包括模型代码库、运行库、可执行文件和其他组件的信息。
- 部署视图——用于描述构成系统的计算机、设备以及它们之间的通信联系。

2.2.2 Rose 建模界面

图 2.4 为 Rose 的建模界面。Rose 属于菜单驱动型应用软件,可以通过工

具栏使用常用功能。Rose 的建模界面由 6 部分组成,分别是菜单(Menu)、浏览窗口(Browser)、图形窗口(Diagram window)、文档窗口(Document window)、日志窗口(Log window)和工具栏(Toolbar)。

1. 浏览窗口

浏览窗口用于浏览、创建、删除和修改模型中的元素。浏览窗口使用树状结构把模型中的所有 UML 元素(图、角色、类、包、关系等)有机地组织起来,以便开发人员的使用。

在浏览窗口中,可以浏览、编辑、移动每种视图中的模型元素,也可以添加新的模型元素。右击浏览窗口中的模型元素,可以访问模型元素的详细信息、删除模型元素和更改模型元素的名称。在浏览窗口中,“+”表示结点为折叠形式,单击“+”图标可以展开该结点;“-”表示该结点已经完全被展开。图 2.5 显示了在浏览窗口中各种视图及其所属的模型元素。

图 2.5　Rose 的浏览窗口

2. 图形窗口

在图形窗口中,可以创建、浏览、修改模型中的 UML 模型图。当改变图形窗口中的 UML 建模元素时,Rose 将自动更新浏览窗口。同样,当在浏览窗口中改变 UML 建模元素时,Rose 也将自动更新相应的 UML 图。

3. 文档窗口

在文档窗口中,可以书写、显示、修改各个模型元素的文档注释。文档窗口的内容一般是模型元素的简要定义。当从浏览窗口中选择不同的 UML 建模元素时,文档窗口将会自动更新显示所选的 UML 建模元素的文档。

当将文档加入类时,在文档窗口中输入的一切内容都将显示为产生的程序代码的注释语句,从而不必再输入程序代码的注释语句。

4. 日志窗口

在日志窗口中,可以查看错误消息和报告各个命令的结果。日志窗口可以像计算机高级语言在编译后提示的语法错误信息一样,提示 UML 图中的语法错误。

5. 菜单栏

菜单栏可以实现 Rose 中的所有功能,单击菜单并选择相应的选项就可以实现对应的功能,如图 2.6 所示。

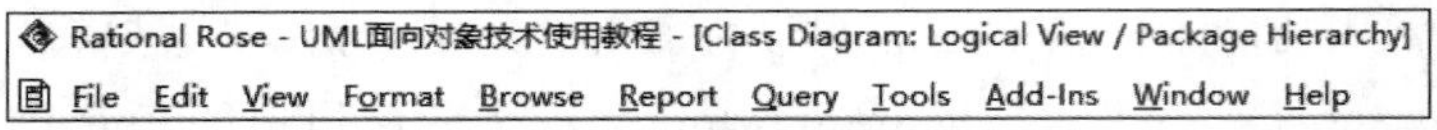

图 2.6　Rose 的菜单栏

6. 标准工具栏

在 Rose 建模环境下,有两个工具栏——标准工具栏和 UML 图工具栏。标准工具栏提供了建模过程中的快捷操作功能,它的图标表示任何模型图都可以使用的公共功能命令,如图 2.7 所示。注意:UML 图工具栏将随着每种 UML 图而改变。

图 2.7　Rose 的标准工具栏

在 Tools 子菜单中选择 Options 选项,可以修改包括工具栏在内的 Rose 建模环境的信息设置情况,如图 2.8 所示。

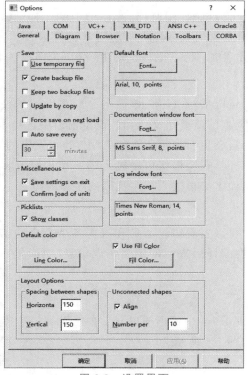

图 2.8　设置界面

2.3　本章小结

Rose 提供了对 UML 中 9 种图的全面支持,并根据这 9 种图在不同架构视图中的应用把它们划分成以下 5 种模型视图。

- 用户模型视图——用例图。
- 结构模型视图——类图和对象图。
- 行为模型视图——顺序图、协作图、状态图和活动图。
- 实现模型视图——组件图。
- 环境模型视图——部署图。

Rose 提供了对包括 UML 在内的工业标准的支持。在 Rose 建模环境下,可以创建、浏览、修改、删除和保存 UML 模型,从而保证不同模型视图之间、模型与代码之间转换的一致性,并支持正向和逆向工程。Rose 建模环境主要针对企业信息系统,并与 Rational 相结合,提供了一种适用于企业应用的模式。Rose 扩展了 UML 规范中相应的概念、术语和建模元素,引入了更适用于企业信息系统建模的概念、术语和建模元素,为构建更加健壮的企业信息系统提供了强有力的支持和帮助。

Chapter 3

第3章

UML 用例图

开发软件产品的第一步是对产品进行需求分析。需求分析是指根据用户对产品的功能需求，提取产品外部功能的描述。UML 中的用例图（Use Case Diagram）就是支持产品外部功能描述的视图。用例图是从软件产品使用者的角度，而不是从开发者的角度描述用户对开发产品的需求，并分析产品所需的功能及动态行为。

在用例图中，对用户需求的描述包括参与者（Actor）与用例（Use Case）两方面，通过描述这两方面之间的关系，用例图完整地描述了用户需求。本章以一个学生成绩管理系统为例，介绍用例图中的概念和术语——参与者、用例、脚本、关系，以及在 Rose 建模环境下创建用例图的方法和步骤。

3.1 用例

用例是一个参与者使用系统的一项功能时进行交互过程的文字描述。例如，在学生成绩管理系统中，可能会有以下用例。

- 记录成绩。
- 浏览成绩。
- 分发成绩报告单。
- 创建成绩报告单。

在 UML 中，用例用一个椭圆形表示，用例的名称一般用动宾结构（英文命名）或主谓结构命名（中文命名）。图 3.1 是用例的示例。

View Grades   记录成绩

图 3.1　用例的示例

在进行需求分析时，用例具有以下主要特点。

- 用例是从使用系统的角度描述系统中的信息。
- 用例描述了用户提出的一些可见需求。
- 用例是对系统行为的动态描述,属于动态建模。
- 用例分析是一种功能分解技术,并未使用 OO 的实现。
- 用例是与实现无关的系统功能描述。

3.2　参与者

　　参与者是指系统以外、需要使用系统或与系统交互的对象,包括人、设备、外部系统等。在 UML 中,参与者既可以用人形图标表示,也可以用类图表示。用人形图标表示的参与者是人,用类图标表示的参与者是外部系统。

　　一个参与者可以执行多个用例,一个用例也可以被多个参与者使用。注意:参与者实际上并不是系统的一部分,尽管在模型中会使用参与者。例如,在一个学生成绩管理系统中,可能会有以下参与者。

- 教师——记录成绩、浏览成绩、发布成绩报告单。
- 学生——浏览成绩。
- 管理员——创建学生成绩报告单和浏览成绩。

　　图 3.2 是学生成绩管理系统的用例图,参与者与用例之间的连线表示两者之间的关联关系。

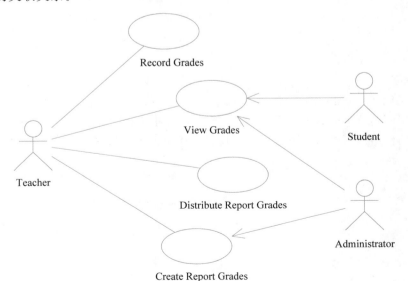

图 3.2　学生成绩管理系统的用例图

3.3　脚本

　　脚本(Scenario)也称情景、场景、情节、剧本等。UML 中的脚本是指贯穿用例执行过程的一条单一路径,用来显示用例中的某种特殊情况。脚本是用例的实例,脚本与用例的关系相当于对象与类的关系。每个用例都有一系列的脚本,包括一个主脚本以及多个次要脚本。对于主脚本来说,次要脚本描述了执行路径中的异常或可选择的情况。在用例图中,如果没有对用例做具体说明,那么就不清楚这个用例完成的功能。用例是一个"文字描述序列",是"动作序列的说明"。用例的描述才是用例的主要部分,是后续对交互图和类图进行分析的基础。下面通过一个网上购物的示例说明用例的描述方法。

- Use Case：Something
- Actor：Customer

主要事件的执行流程:

① 顾客使用 ID 和密码进入系统;

② 系统验证顾客身份;

③ 顾客提供个人信息(包括姓名、送货地址、电话号码等),选择要购买的商品和数量;

④ 系统验证顾客的会员等级;

⑤ 系统使用库存系统验证顾客购买的商品数量是否少于库存量;

……

3.4　泛化关系

　　泛化(Generalization)代表一般与特殊的关系。在泛化关系中,子用例继承了父用例的行为和含义。另一方面,子用例也可以增加新的行为和含义,或者覆盖父用例中的行为和含义。图 3.3 是表示泛化关系示例的用例图。

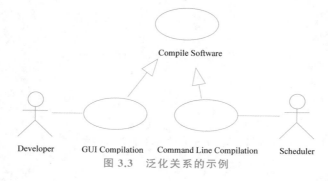

图 3.3　泛化关系的示例

3.5　包含关系

包含(Include)指一个用例(基本用例)的行为包含另一个用例(包含用例)的行为。在包含关系中,箭头的方向是从基本用例到包含用例,即基本用例依赖于包含用例。表示包含关系的用例图如图 3.4 所示。

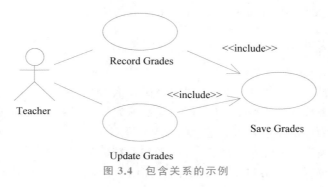

图 3.4　包含关系的示例

3.6　扩展关系

扩展(Extend)关系的基本含义与泛化关系类似,但对于扩展用例,有以下规则进行限制。

- 基本用例必须声明若干"扩展点"。
- 扩展用例只能在这些扩展点上增加新的行为和含义。
- 扩展关系中的箭头是从扩展用例到基本用例,即扩展用例依赖于基本用例。

图 3.5 是表示扩展关系的用例图。

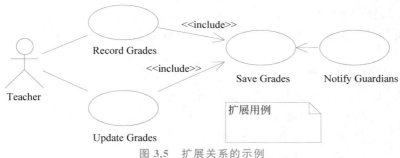

图 3.5　扩展关系的示例

3.7　三种关系的比较

- 泛化和扩展表示的是用例之间的"is a"的关系。
- 扩展与泛化关系相比,多了扩展点的概念,即一个扩展用例只能在基本用例的扩展点上进行扩展。
- 包含关系表示的是用例之间的"has a"的关系。

3.8　用例建模

用例建模是用于描述一个系统"应该做什么"的建模技术,因此用例建模不仅可用于新系统的需求获取,还可以用于已有系统的升级。用例建模是通过开发者和用户为导出需求分析而进行的交互过程建立的。

用例建模的主要元素有用例、参与者和系统。系统被看作一个提供用例的黑盒子,系统如何做、用例如何实现、内部如何工作,这些对用例建模来说并不是最重要的。系统的边界定义了系统的功能,而功能可用用例表示,每个用例均指明了一个完整的功能。

创建用例的工作包括定义系统、寻找参与者和用例、描述用例、定义用例之间的关系,最后确认用例模型。用例模型由用例图组成,用例图展示了参与者、用例以及它们之间的关系,用例通常用正文描述。

3.8.1　确定参与者

参与者是指与系统交互的人和其他系统。"与系统交互"是指参与者向系统发送消息,或者从系统接收消息,或者与系统交换消息,即参与者执行用例。参与者可以分为主参与者和副参与者。主参与者使用系统的主要功能,副参与者处理系统的辅助功能。这两类参与者都要建模,以保证描述系统完整的功能特征。参与者还可以分为主动参与者和被动参与者。主动参与者启动一个用例,而被动参与者从不启动用例,只是参与一个或多个用例。可以通过以下问题确定参与者。

- 谁使用系统的主要功能(主参与者)?
- 谁需要从系统中得到对日常工作的支持?
- 谁需要维护、管理和维持系统的日常运行(副参与者)?
- 系统需要与其他哪些系统交互?
- 哪些人或哪些系统对系统产生的结果负责?

3.8.2　确定用例

一个用例表示被参与者感受到的一个完整功能。用例具有以下基本特征。
- 用例总是被参与者启动。参与者必须直接或间接地指示系统执行用例。
- 用例向参与者提供结果,这些结果必须是可识别的。
- 用例是完整的,一个用例必须是一个完整的描述。

可以通过让每个参与者回答下列问题寻找用例。
- 参与者需要系统提供哪些功能? 参与者需要做什么?
- 参与者是否需要读、创建、删除或存储系统中的某类信息?
- 参与者是否要被系统中的事件提醒,或者参与者是否要提醒系统中的某些事情? 从功能观点来看,这些事件表示什么?
- 参与者的日常工作是否因为系统的新功能而被简化或提高了工作效率?

3.8.3　描述用例

用例的描述用脚本完成,它是一份关于行为者与用例之间如何交互的简明和一致的说明书。用例的描述着眼于系统的外部行为,而忽略系统的内部实现。描述中应尽可能地使用用户的语言和术语。用例的描述一般包含以下内容。
- 用例的目的——用例的最终目的是什么?
- 用例是如何启动的——哪一个参与者在什么情况下自动启动用例的执行?
- 参与者与用例之间的消息流——用例和参与者之间交换什么消息或事件以通知对方改变或恢复信息,并帮助对方做出决定? 描述系统与参与者之间的主消息流是什么? 系统中哪些实体被使用或修改?
- 用例中可供选择的流——用例中的活动是否可以根据条件或异常有选择地执行?
- 如何通过给参与者一个值结束用例——描述何时可以认为用例已经结束。

3.8.4　用例图建模示例

学生成绩管理系统的业务需求包括以下内容。
① 教师可以使用系统输入、更新学生成绩。
② 系统管理员根据教师提供的成绩创建学生成绩报告单。
③ 教师需要通过系统分发学生成绩报告单。
④ 系统允许教师与学生查询记录的成绩。

根据上述业务需求,创建学生成绩管理系统的用例模型。

1. 确定参与者

根据上述需求描述的分析,可以确定系统的参与者为教师、学生和系统管理员。

2. 确定用例

确定参与者使用的用例,可以通过提出"系统要做什么"这样的问题完成。学生成绩管理系统的用例有输入成绩、查询成绩、更新成绩、创建学生成绩报告单、检查学生成绩报告单的准确性、分发学生成绩报告单。

对于上述已经确定的用例,还要进一步明确它们之间的优先次序。对于学生成绩管理系统来说,其用例的优先次序如下。

① 输入成绩。

② 查询成绩。

③ 更新成绩。

④ 创建学生成绩报告单。

⑤ 检查学生成绩报告单的准确性。

⑥ 分发学生成绩报告单。

3. 描述用例

- Use Case：Input Grades
- 参与者：Teacher

主要事件的执行流程。

① 教师登录系统。

② 教师确定要记录哪些学生的成绩。

③ 系统要保证学生的自然情况数据已经存储在数据库中。

④ 教师选择要输入成绩的课程。

⑤ 系统开始数据库的一项事务处理。

⑥ 教师输入学生的成绩。

⑦ 系统校对输入的成绩以确保其属于正确的值域。

⑧ 系统保存本门课程的成绩。

⑨ 系统结束事务的处理。

⑩ 系统提示教师成绩保存完毕。

- Use Case：View Grades
- 参与者：Teacher,Student

主要事件的执行流程。

① 教师或学生登录系统。

② 教师或学生选择要查询成绩的课程。

③ 教师或学生输入查询条件。

④ 系统开始数据库的一项事务处理。

⑤ 系统加载满足条件的学生成绩。

⑥ 系统显示学生成绩。

⑦ 系统结束事务处理。

⑧ 系统提示教师或学生成绩显示完毕。

- Use Case：Update Grades
- 参与者：Teacher

主要事件的执行流程。

① 教师登录系统。

② 教师选择要更新的成绩单课程。

③ 教师输入更新条件。

④ 系统开始处理数据库的一项事务。

⑤ 系统加载满足条件的学生成绩。

⑥ 系统显示学生成绩。

⑦ 教师更新学生成绩。

⑧ 系统保存本次更新。

⑨ 系统结束事务处理。

⑩ 系统提示教师成绩保存完毕。

因为"检查学生成绩报告单的准确性"用例是一个人工处理过程，而不是一个系统处理过程，因此可以把这个用例从脚本中删除。

- Use Case：Generate Report Cards
- 参与者：Administrator

主要事件的执行流程。

创建学生某一门课程的成绩报告单。

- Use Case：Distribute Report Cards
- 参与者：Teacher

主要事件的执行流程。

① 教师登录系统。

② 教师在网上发布某一门课程的成绩报告单。

在对上述系统用例进行详细描述之后，除了原有的用例之外，还产生了 3 个新的用例——系统登录（Login）、加载成绩（Load Grades）以及保存成绩（Save

Grades)。

4. 创建用例模型

根据以上分析,学生成绩管理系统的用例模型的功能如下。

① 教师可以输入学生成绩。

② 输入成绩包含保存学生成绩。

③ 教师可以更新成绩。

④ 更新学生成绩包含加载、保存成绩。

⑤ 教师、管理员和学生可以查询成绩。

⑥ 查询成绩包含系统登录。

⑦ 管理员可以创建学生成绩报告单。

⑧ 教师可以在网上分发学生成绩报告单。

根据以上系统用例模型的功能,可以在 Rose 建模环境下绘制出图 3.6 所示的学生成绩管理系统的用例模型。

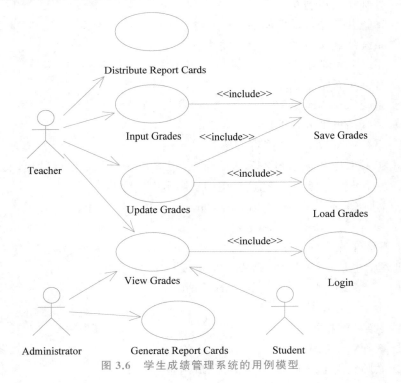

图 3.6　学生成绩管理系统的用例模型

3.8.5　基于 Rose 创建用例图

图 3.7 是 Rose 提供的用例图的建模图形的符号。

图 3.7　用例图的建模图形符号

下面以"学生成绩管理系统"为例,介绍在 Rose 建模环境下创建用例模型的方法和操作步骤。

（1）创建一个名为"学生成绩管理系统.mdl"的 Rose 文件。

（2）在浏览窗口,单击 Use Case View 中的 Main 按钮,弹出一个用例窗口,再单击图标栏上的 Actor 图标,将光标移动到用例窗口上(此时光标将呈现"＋"状),单击即可在用例窗口中出现参与者的图标,名为 NewClass,如图 3.8 所示。

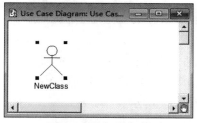

图 3.8　添加参与者

（3）修改参与者的名称有以下两种方法。

• 在用例窗口中,双击 NewClass 图标,弹出图 3.9 所示的对话框。选择

General 选项卡,将名称改为 Teacher,单击 OK 按钮,完成修改。

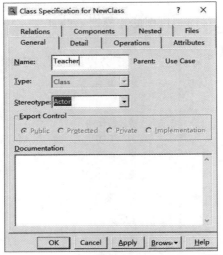

图 3.9   Class Specification for NewClass 对话框

- 在用例窗口中将光标置于 NewClass 处,直接将其修改为 Teacher。

(4)采用同样的方法,在用例图中添加 Student 和 Administrator 参与者,如图 3.10 所示。

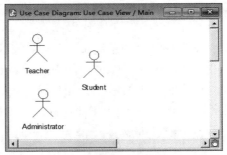

图 3.10   添加 Student 和 Administrator 参与者

(5)单击图标栏中的 Use Case 图标,将光标移动到用例窗口(此时光标将呈现"＋"状),再次单击,则将在窗口中显示用例的椭圆形图标。将用例的名称改为 Input Grades,如图 3.11 所示。

(6)单击图标栏中的 Unidirectional Rational 图标,将光标从 Teacher 指向 Input Grades,在两者之间添加关联关系,如图 3.12 所示。

(7)在用例窗口中添加一个 Save Grades 用例,并创建 Input Grades 与

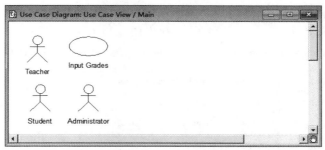

图 3.11 添加 Input Grades 用例

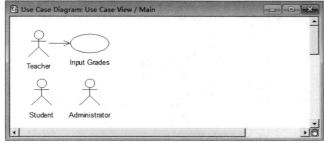

图 3.12 添加用例之间的关联关系

Save Grades 之间的关联关系。双击这个关联线,在图 3.13 所示的对话框中的 Stereotype 下拉列表中选择 include 关系。

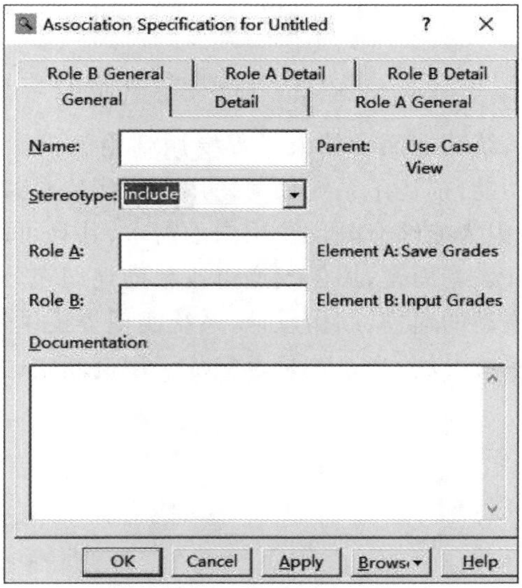

图 3.13 添加 Input Grades 与 Save Grades 之间的包含关系

（8）重复上述步骤，就可以完成图 3.6 所示的用例模型。

（9）双击 Input Grades 用例图标，弹出图 3.14 所示的 Use Case Specification for Input Grades 对话框，在 Documentation 文本框中输入该用例的事件流。

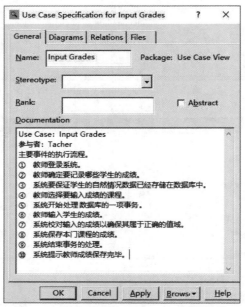

图 3.14　添加用例 Input Grades 的事件流

3.9　本章小结

任何一个涉及系统功能活动的人员都要用到用例模型。对用户而言，用例模型指明了系统的功能，描述了系统如何使用。用例建模时，用户的积极参与也是十分重要的，这是因为能够充分反映用户的需求，并且可以用用户的语言和术语描述用例。对于开发者而言，用例模型可以帮助他们充分理解系统要做什么，同时为今后的其他模型的建模、结构设计、系统实现等提供依据。系统测试人员可以根据用例测试系统，以验证系统是否完成了用例制定的功能。

第4章 UML 顺序图和协作图

UML 交互图(Interaction Diagram)是用来描述对象之间,以及对象与参与者之间的动态协作关系(过程)中行为次序的图形文档。交互图通常描述一个用例的行为,显示用例中涉及的对象和这些对象之间的消息传递情况。

UML 交互图包括顺序图(Sequence Diagram)和协作图(Collaboration Diagram)。顺序图着重描述对象按照时间顺序的消息交换,而协作图则侧重描述系统成分之间如何协同工作,它们从不同角度表达了系统中的交互以及系统的行为,而且两者之间可以相互转换。对于一个用例来说,至少应创建一个顺序图或协作图。本章首先介绍顺序图和协作图中的概念和术语,然后以学生成绩管理系统为例,介绍在 Rose 建模环境下创建顺序图和协作图的方法和步骤。

4.1 UML 顺序图

顺序图用于显示按照时间顺序排列的对象进行的交互作用,特别用于显示参与交互的对象,以及对象之间消息交互的顺序。顺序图和协作图都属于交互视图,用来描述执行系统功能的各个角色之间相互传递消息的顺序关系,显示跨越多个对象的系统控制流程,只是它们的侧重点有所不同。

4.1.1 顺序图的组成

顺序图是一个二维图形。在顺序图中,水平方向为对象维,沿水平方向排列的是参与交互的对象;垂直方向为时间维,沿垂直方向向下按时间递增顺序列出的是各对象发出和接收的消息。在顺序图中,对象间的排列顺序并不重要。一般把表示人的参与者放在最左边,表示系统的参与者放在右边。

4.1.2 顺序图的建模元素

顺序图的建模元素有对象(参与者的实例也是对象)、生命线(Life Line)、控制焦点(Focus of Control)、消息(Message)等。

1. 对象

顺序图中对象的命名方式有 3 种,如图 4.1 所示。第一种命名方式包括对象名和类名;第二种命名方式只包括类名,不显示对象名,即表示这是一个匿名对象;第三种命名方式只包括对象名,不显示类名,即不关心这个对象属于什么类。

顺序图描述对象是如何交互的,并将重点放在消息顺序上,即描述消息是如何在对象之间发送和接收的。顺序图有两个坐标轴,横坐标轴显示对象,纵坐标轴显示时间。顺序图也显示特殊情况下的对象交互,即在系统执行期间的某一时间点发生在对象之间的特殊交互。

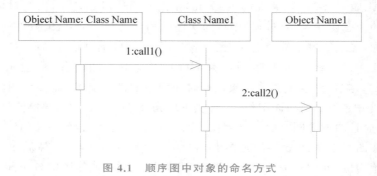

图 4.1　顺序图中对象的命名方式

2. 生命线

生命线在顺序图中表示为从对象图标向下延伸的一条虚线,表示对象的存在时间,如图 4.1 所示。

3. 控制焦点

控制焦点是顺序图中表示时间段的符号。在这个时间段内,对象将执行相应的操作。控制焦点表示为生命线上的小矩形,如图 4.1 所示。

4.1.3　消息

对象之间的通信用对象生命线之间的水平消息线表示,消息线的箭头说明消息的类型(调用、异步、返回消息)。对象还可以给它自己发送消息,即消息线从自己的生命线出发后又回到自己的生命线。

1. 消息的概念

消息用来说明顺序图中不同对象之间的通信;在一个对象需要取消不同对象的进程时,或者向另一个对象提供消息时,应使用消息。消息用一个从调用对象的生命线到接收对象的生命线的箭头表示,箭头上面是要发送的消息。

2. 调用消息

调用(Procedure Call)消息指发送者把控制传递给消息的接收者,然后停止活动,等待消息的接收者放弃或返回控制。调用消息的接收者必须是一个被动对象(Passive Object),指一个需要消息驱动才能执行动作的对象。因此,调用消息用来表示同步的意义。另外,调用消息还必须有一个与之配对的返回消息,但为了图形的简洁和清晰,与调用消息配对的返回消息可不必画出。调用消息用一个实心箭头表示,如图 4.2 所示。

3. 异步消息

异步(Asynchronous)消息指发送者通过消息把信号传递给消息的接收者,然后继续自己的活动,不必等待接收者返回消息或控制。因此,异步消息的发送者和接收者是并发工作的。异步消息用一个两线条的箭头表示,如图 4.2 所示。

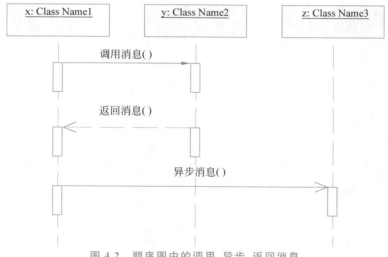

图 4.2　顺序图中的调用、异步、返回消息

4. 返回消息

返回(Return)消息表示从过程调用返回。如果是从过程调用返回,则返回消息是隐含的,可不必画出。对于非过程调用,如果有返回消息,则必须明确画出。返回消息用一个虚线箭头表示,如图 4.2 所示。

4.1.4　顺序图建模

本节将继续为学生成绩管理系统的顺序图建模,通过这个示例介绍系统分析与设计过程中顺序图建模的一般步骤。这个示例将对教师查询学生成绩(View Grades)用例进行顺序图建模。

1. 确定工作流

根据对 View Grades 用例的分析可知,这个用例至少有以下 3 个工作流。

① 教师成功地查询了学生的成绩。

② 教师试图查询某个学生的分数,但是该学生不存在。

③ 教师试图查询某个学生的分数,但是该学生的分数不存在。

2. 从左到右布置对象

从左到右布置所有参与者和对象,包括要添加消息的对象的生命线,如图 4.3 所示。

图 4.3 从左到右布置对象

3. 添加消息和条件以创建每个工作流

(1) 第 1 个工作流。教师成功地查询了某个学生的成绩的顺序图,如图 4.4 所示。

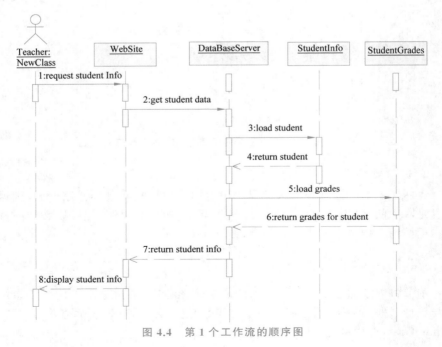

图 4.4 第 1 个工作流的顺序图

（2）第 2 个工作流。教师试图查询某个学生的分数，但是该学生不存在的顺序图，如图 4.5 所示。

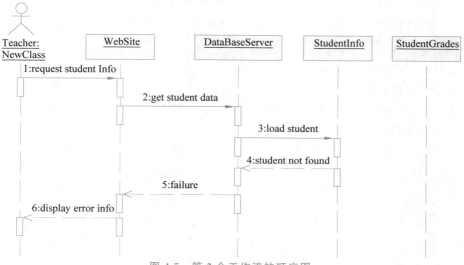

图 4.5　第 2 个工作流的顺序图

（3）第 3 个工作流。教师试图查询某个学生的分数，但是该学生的分数不存在的顺序图，如图 4.6 所示。

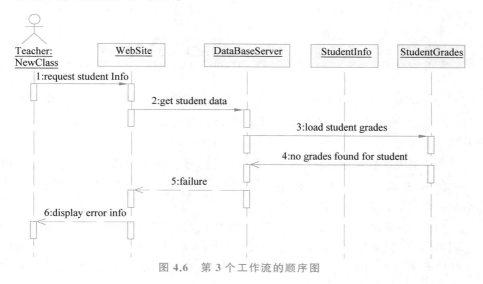

图 4.6　第 3 个工作流的顺序图

4.1.5　基于 Rose 创建顺序图

图 4.7 是 Rose 中提供的顺序图建模的图形符号。

下面以"学生成绩管理系统"为例,介绍在 Rose 建模环境下创建顺序图的方法和步骤。

(1) 如图 4.8 所示,在浏览窗口中展开 Use Case View,然后右击 View Grades 用例图标,在弹出的菜单中选择 New→Sequence Diagram,则将在 Use Case View 中显示一个新创建的顺序图图标,将该图的名字改为 View Grades。

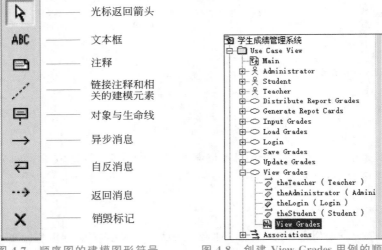

图形符号	
	光标返回箭头
ABC	文本框
	注释
	链接注释和相关的建模元素
	对象与生命线
→	异步消息
	自反消息
··→	返回消息
×	销毁标记

图 4.7　顺序图的建模图形符号　　　　图 4.8　创建 View Grades 用例的顺序图

(2) 在浏览窗口中选择参与者 Teacher,将其从浏览窗口拖曳到顺序图窗口,如图 4.9 所示。此时,在顺序图窗口中显示参与者 Teacher,在 Teacher 对象下显示有虚线。

(3) 单击图标栏中的 Object 图标,将光标移动到顺序图窗口(光标将呈现"+"状)。单击窗口空白处,则将在窗口中添加一个无名对象,窗口的顶部也将出现一个无名的泳道,如图 4.10 所示。

(4) 选择新添加的对象并右击,在弹出的上下文菜单中选择 Open Specification 选项,则将弹出 Object Specification for Untitled 对话框,在 Class 下拉列表中选择该对象所属的类,这是一个界面类,这里选择 FormView 选项,然后命名对象为 WebSite,如图 4.11 所示。

(5) 单击 OK 按钮,如图 4.12 所示,顺序图窗口将显示已经命名的对象。

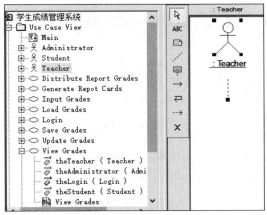

图 4.9 向顺序图中添加参与者

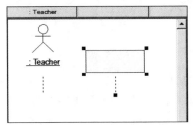

图 4.10 添加无名对象

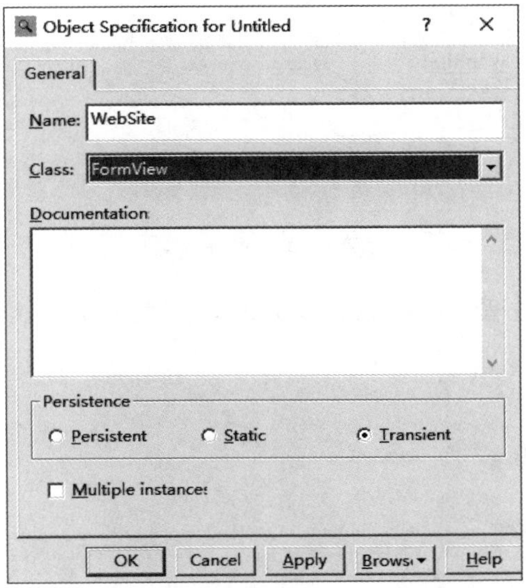

图 4.11 选择对象所属的类和命名对象

图 4.12   命名对象的顺序图

（6）用同样的方法在顺序图中添加对象 DataBaseServer、StudentInfo 和 StudentGrades，添加后的结果如图 4.13 所示。

图 4.13   添加其他对象后的顺序图

（7）单击图标栏中的 Procedure Call 图标，在顺序图中将光标从 Teacher 对象指向 WebSite 对象，即可在两者之间添加一个调用消息，标有序号 1，在其后添加消息名称 request student Info，如图 4.14 所示。

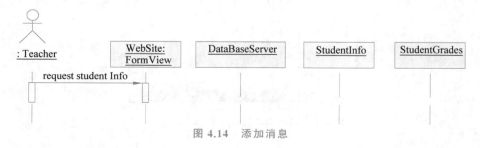

图 4.14   添加消息

（8）重复以上过程，完成 View Grades 用例的第 1 个工作流的顺序图，如图 4.15 所示。

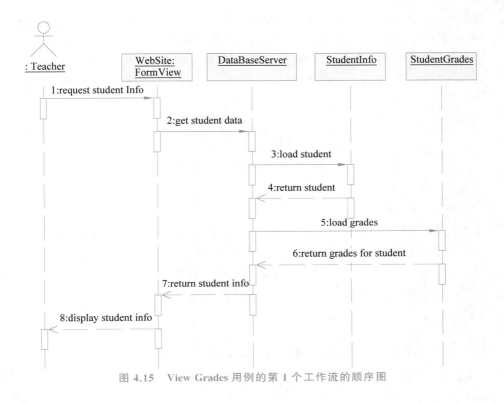

图 4.15　View Grades 用例的第 1 个工作流的顺序图

4.2　UML 协作图

　　UML 协作图可以看作类图与顺序图的交集。协作图用来建模对象或角色,以及它们彼此之间的顺序通信。要创建一个系统,组成系统的这些类的实例(对象)就需要彼此通信和交互,即它们之间需要协作。

　　协作图就是用于描述系统的行为是如何通过系统的成分相互协作实现的 UML 图。协作图中的建模元素有对象(参与者的实例、多对象、主动对象等)、消息、链接等 UML 建模元素。

4.2.1　对象

　　协作图主要强调多对象和主动对象的概念。多对象是指由多个对象组成的对象集合,而且这些对象属于同一个集合。当需要把消息同时发给多个对象而不是单个对象时,就需要使用多对象这个概念。

　　在协作图中,多对象用多个方框的重叠表示,如图 4.16 所示。主动对象是一组属性和一组方法的封装体,其中至少有一个方法不需要接收消息就能主动执行(称为主动方法)。所以,主动对象可以在不接收外部消息的情况下自己开始一个控制流。其他方面与被动对象没有区别。主动对象通过在对象名的左下方加 active 说明表示,如图 4.16 右侧所示。协作图中,消息的概念和顺序图的相同。

图 4.16　多对象与主动对象

4.2.2　链接

在协作图中,用链接(Link)连接对象,消息显示在链接的旁边,一个链接上有多个消息。链接是关联的实例。可以在链接上添加一些诸如角色名、导航(Navigation,表示链接是单向还是双向的)、链接两端的对象是否有聚集关系等内容。注意:链接是连接对象的,所以链接两端没有多重性的标记。

4.2.3　协作图建模

下面将继续为学生成绩管理系统的协作图建模,通过这个示例介绍在系统分析和设计过程中协作图建模的一般步骤。

在这个示例中,将对学校的教师(Teacher)登录网站(Website)查看学生成绩这个用例进行协作图建模。

1. 确定属于协作图的对象

首先需要确定协作图中将包含哪些对象。从用例的描述中可以确定需要教师(Teacher)、学生(Student)和成绩(Grades)这 3 个类的实例。但这 3 个对象能都满足用例要求吗? 通过对以下问题的分析可以得出结论。

① Teacher 类如何与 Student 类进行交互?

② Student 类从哪里获得数据?

③ Teacher 类如何才能登录系统?

通过对以上 3 个问题的分析可知:第一,需要一个 Website 类的实例提供交互的接口;第二,需要一个 Database 类的实例提供为学生检索信息的功能;第三,需要一个 Login 类的实例提供让 Teacher 登录系统的手段。完成上述功能的 3 种类的实例如图 4.17 所示。

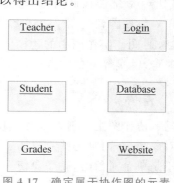

图 4.17　确定属于协作图的元素

2. 确定对象之间的链接和沿着链接的消息

接下来需要用到描述对象之间链接的消息的标记符,以及特定消息类型的规范。以下给出描述教师登录网站查看学生成绩这个用例的协作图的执行过程。

① Teacher 对象把 Login(UID,PWD)消息发送给 Website 对象。

② Website 对象把 Validate(UID,PWD)消息发送给 Login 对象。

③ Login 对象把 Lookup(UID,PWD)消息发送给 Database 对象。

④ 如果 Lookup 消息的结果为 Pass,则 Login 对象把 DisplayMenu( )消息发送给 Website 对象。

⑤ 如果 Lookup 消息的结果为 Fail,则 Login 对象把 Logout( )消息发送给 Website 对象。

⑥ 如果已经显示用户界面菜单(已经登录),则 Teacher 对象把 LoadStudent(name)消息发送给 Website 对象。

⑦ Website 对象把 CreateStudent(name)消息发送给 Student 对象以便创建它。

⑧ Student 对象把 LoadStudentInfo(name)消息发送给 Grades 对象集合中的每个 Grades 对象。

⑨ 每个 Grades 对象把 LoadGrades( )消息发送给 Database 对象。

⑩ Student 对象把 DisplayStudent(Grades)消息发送给 Website 对象。

实现上述执行过程的协作图如图 4.18 所示。

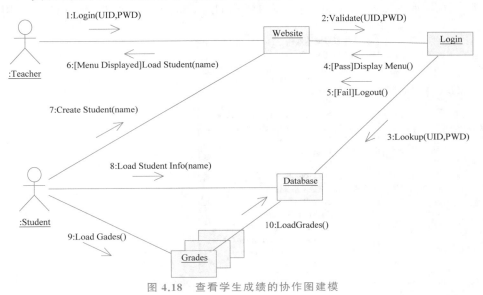

图 4.18 查看学生成绩的协作图建模

4.2.4　基于 Rose 创建协作图

图 4.19 是 Rose 中协作图的建模图形符号。

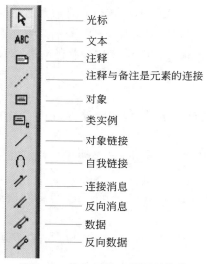

图 4.19　协作图的建模图形符号

下面以"学生成绩管理系统"为例,介绍在 Rose 建模环境下创建协作图的方法和步骤。

（1）如图 4.20 所示,在浏览窗口展开 Use Case View,右击 View Grades 用

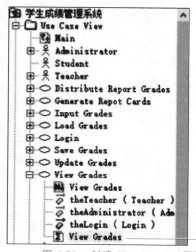

图 4.20　创建 View Grades 用例的协作图

例图标,在弹出的上下文菜单中选择 New→Collaboration Diagram,则在 Use Case View 中显示一个新创建的协作图图标,将该图的名字改为 View Grades。

（2）View Grades 协作图涉及以下对象:Teacher 角色、Student 角色、Website 对象、Login 对象、Database 对象、Grades 对象。在 Use Case View 中选择 Teacher 角色与 Student 角色,将它们拖曳到协作图窗口。在图标栏上单击 Object 图标,在窗口中添加一个对象,如图 4.21 所示。

（3）单击鼠标左键,在弹出的上下文菜单中选择 Open Specification 选项,然后在弹出的对话框中设置对象的属性,如图 4.22 所示。

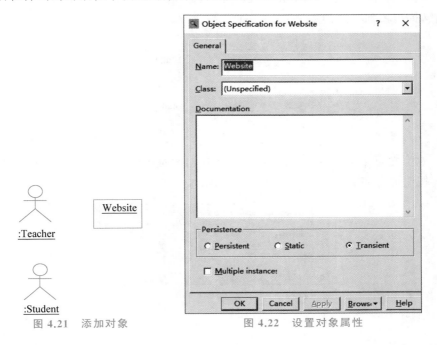

图 4.21　添加对象　　　　　图 4.22　设置对象属性

（4）使用同样的方法添加其他对象,如图 4.23 所示。

图 4.23　添加其他对象

（5）单击图标栏上的 Object Link 图标,然后在协作图窗口中由 Teacher 对象指向 Website 对象,创建两者之间的链接,如图 4.24 所示。

图 4.24　创建链接

（6）单击图标栏上的 Link Message 图标,在协作图窗口中单击刚才添加的链接,即可添加一条消息,如图 4.25 所示。

图 4.25　添加一条消息

（7）在协作图窗口中双击消息线,在弹出的对话框中输入消息的名称,单击 OK 按钮即可完成这个操作,如图 4.26 所示。

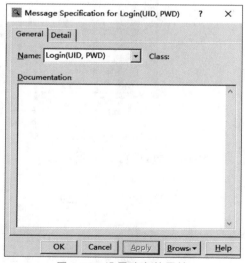

图 4.26　设置消息的属性

（8）使用上述方法添加其他对象、链接和消息,设置消息的属性,最终将得到图 4.18 所示的协作图。

4.3　本章小结

UML 顺序图和协作图都属于交互图,顺序图是从时间的角度描述对象之间的交互,而协作图是从对象之间的协作描述对象之间的交互,两者都表达了相似的信息,只是表达方式不同。顺序图强调时间,比较适合描述实时行为;协作图则突出动态行为发生的语境,时间在其中是隐式描述的。

顺序图可以清楚地表达对象之间交互的时间顺序,但是没有明确地表达出对象之间的关系。协作图能够清楚地表达对象之间的关系,但是时间顺序必须从顺序号获得。顺序图常用于表示解决方案,而协作图常用于过程的详细设计。

协作图是对象图的扩展。对象图描述了对象之间的静态关系,而协作图不但描述了对象之间的关联,还描述了对象之间的消息传递。

Chapter 5
第 5 章

UML 类图

UML 类图(Class Diagram)描述了类以及类之间的静态关系。与传统软件工程中的结构化分析使用的数据流模型不同,UML 类图不仅显示了信息的结构,还描述了对象的行为。以 UML 类图为基础的状态图、顺序图、协作图进一步描述了系统其他方面的动态特性。

本章将首先介绍 UML 类图,然后阐述类之间的关系,并解释 UML 中的边界类、控制类和实体类的概念,最后以学生成绩管理系统为例,阐述在 Rose 建模环境下创建 UML 类图的方法和步骤。

5.1 概述

作为一种语言,UML 定义了一系列的图以描述软件密集型系统。UML 图有着严格的语义和清晰的语法,这些图及其定义的语义和语法组成了一个标准,使得从事软件开发的所有相关人员都能够借助它们对软件系统的各个侧面进行描述。

类是具有相似结构、行为和关系的一组对象的描述符。类图是描述类以及类之间的关系的一种图。类图从静态角度表示软件系统,属于一种静态模型。类之间的关系有关联(Association)关系、泛化(Generalization)关系、依赖(Dependency)关系、实现(Realization)关系等。

5.2 类的定义

在 UML 中,类可以用划分为 3 个格子的长方形表示,上面是类名,中间是属性,下面是操作。类图就是由这些类框和表明这些类框之间的关系的连线组成的。图 5.1 是一个表示 Java 类的 UML 类图,以及由 Account 类生成的 Java 源代码(后续内容将讲述如何用 Rose 的正向工程根据 UML 类图自动生成 Java 源代码)。

图 5.1　UML 类图
的示例

```
1:  public class Account  {
2:    private Double balance;
3:    public Boolean showBalance( ) {  }
3:    public Boolean deposit( ) {  }
4:    public Boolean withdraw( ) {  }
5:    public Account open( ) {  }
6:  }
```

1. 类的属性

在 UML 中,类的属性的语法格式如下。

[可见性] 属性名 [: 类型] [' ['多重性 [次序]'] [=初始值] [{约束性}]'

- 上面表示的属性格式中,除了用单撇号括起来的方括号表示一个具体的字符外,其他方括号均表示该项是可选项。
- 属性的可见性(visibility)表示。在 UML 中,+、♯、- 等符号分别表示 public、protected、private,而 Rose 中用的是图形符号。
- 多重性声明不是表示数组,而是表示该属性值有两个或多个,这些值可以是有序的,约束特性只是对该属性的一个声明。

2. 类的操作

在 UML 中,类的操作的定义语法格式如下(各项的含义与属性的说明相同)。

[可见性] 操作名 [(参数列表)] [:类型] [{约束特性}]

5.3　关联关系

在 UML 中,类之间的语义连接被定义为关系。在软件系统中,各种动态行为的实现是由对象之间的交互产生的,所以类之间的关系建模就为类的对象之间的交互提供了实现支持。对象之间的交互可以与类之间的关系相对应,而这些关系又可以被映射到大多数的程序设计语言中,从而使得对象之间的交互能得到最终实现。

5.3.1　关联

关联(Association)表示两个类之间存在的某种语义上的联系,它是对具有共同的结构特性、行为特性、关系和语义的链接(Link)的描述,即与该关联连接的类的对象之间的语义连接（称为链接）。注意："关联"表示类与类之间的关系，而"链接"表示对象与对象之间的关系，即链接是关联的实例。

关联的表示方法就是在有关系的类之间画一条直线。关联可以是单向的，也可以是双向的。单向关联用带箭头的直线表示，双向关联用一条直线表示。单向关联表示从箭头端出发的类的对象，可以调用箭头指向端的类中的方法。在 Java 语言中，这个关联是可调用方法的这个类中的实例变量。单向关联的示例如图 5.2 所示。

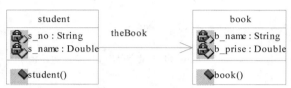

图 5.2   单向关联的示例

图 5.2 所示的两个类生成的 Java 源代码如下所示。

```
1.  public class student {
2.    private String s_no;
3.    private Double s_name;
4.    public book theBook;
5.    public student( ) {
6.    }
7.  }
1.  public class book {
2.    private String b_name;
3.    private Double b_prise;
4.    public book( ) {
5.    }
6.  }
```

从生成的 Java 代码中可以看出，在类 student 中，有一个属性 theBook（关联名），其类型为 book。而在类 book 中，却没有相应类型为 student 的属性。

双向关联表示关联中的两个对象可以互相调用其方法。双向关联的示例如图 5.3 所示。

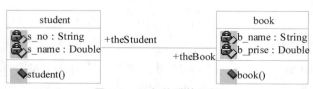

图 5.3   双向关联的示例

在类 student 中,有一个属性 theBook,其类型为 book;在类 book 中,也有一个属性 theStudent,其类型为 student。在 UML 中,关联的两端都是角色,而且都可以命名。如果用 Java 语言实现图 5.3 中的双向关联关系,则角色的名称应与各个类中的实例变量的名称相同。图 5.3 所示的两个类生成的 Java 源代码如下。

```
1.  public class student {
2.  private String s_no;
3.  private Double s_name;
4.  public book theBook;
5.  public student( ) {
6.  }
7.  }
1.  public class book {
2.  private String b_name;
3.  private Double b_prise;
4.  public book theStudent;
5.  public book( ) {
6.  }
7.  }
```

5.3.2　关联类

关联也可以有自己的属性和操作,此时,这个关联称为关联类(Association Class)。关联类的可视化表示方式与一般类相同,但是要用一条虚线把关联类和对应的关联线连接起来。如图 5.4 所示,contract 是一个关联类,contract 类中的属性 salary 描述的是 company 类和 person 类之间的关联的属性,而不是其他类的属性。

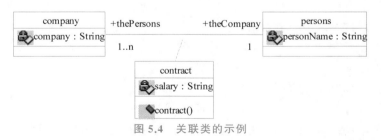

图 5.4　关联类的示例

由于指定了关联角色的名字,所以生成的 Java 语言源代码直接使用了关联角色名作为声明的变量名。另外,指定关联的 thePerson 端的多重性为 1..n,所以 thePerson 是类型为 persons 的数组。图 5.4 所示的两个类生成的 Java 源代码如下。

```
1. public class company {
2.    private String company companyName;
3.    public persons thePersons[ ];
4. }
1. public class persons {
2.    private String personName;
3.    public company theCompany;
4. }
1. public class contract {
2.    private String salary;
3. }
```

5.3.3　多重性

　　一个类的关联的任何一个连接点称为关联端（Association End），与类有关的许多信息都附在它的端点上。关联端有名字（角色名）和可见性等特性，最重要的特性是多重性（Multiplicity）。多重性是对象之间关联的一个重要方面，它说明了某个类有多少个对象可以和另一个类的单个对象关联。例如，学校中的一门课程如果由一名教师讲授，那么课程和教师之间就是一对一（one-to-one）的关联；如果一门课程由多名教师讲授，那么课程与教师之间就是一对多（one-to-many）的关联。

　　在 UML 中，使用“ * ”代表许多（more）和多个（many）。在一种语义环境中，两个点代表 or 关系，例如，“1.. * ”代表一个或多个。在另一种语义环境中，or 用逗号表示，例如“5,10”代表 5 或者 10。多重性的符号表示如下所示（默认值是 1）。

- “0..1”——表示 0 或者 1。
- “0.. * ”或“ * ”——表示 0 个或者多个。
- “1.. * ”——表示 1 个或者多个。
- “3..16”——表示 3～16。
- “1,3,16”——表示或者 1,或者 3,或者 16。

　　在关联的两端可以写上一个数值范围，表示该类有多少个对象可以与对方的一个对象连接，即多重性。最普通的关联是一对类元之间的二元关联，包含一对对象，用一条连接两个类的连线表示，连线上有相互关联的角色名，而多重性则加在各个端点上。

　　在 Java 语言的实现方式中,多重性声明是一个多值的实例变量。例如,一个公司可以雇佣多个职员,而一个职员可以为多个公司工作,并且假定一个人最多在 5 个公司工作。对于变量的多个值,如果没有固定的上限,就表示只为一个公司工作的人;对于为 5 个公司工作的人,就会转换成一个带有 5 个元素的对象数组(参照图 5.4)。

5.3.4　递归关联

　　递归关联(Reflexive Association)是一个类与其自身的关联,及一个类的两个对象之间的关系。递归关联虽然只有一个被关联的类,但是有两个关联端,每个关联端的角色不同。图 5.5 是递归关联的示例。

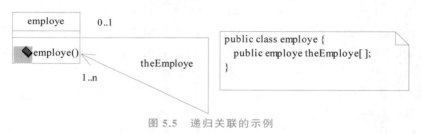

图 5.5　递归关联的示例

5.3.5　关联的约束

　　对关联可以添加一些约束,以加强关联的语义。图 5.6 是两个关联之间约束的示例。

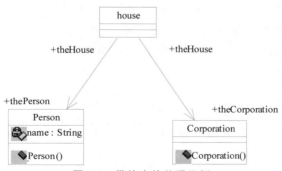

图 5.6　带约束的关联示例

　　house 类或者与 Person 类有关联,或者与 Corporation 类有关联,但是不能同时与这两个类都有关联。

5.4   聚集与组成关系

关联关系的基本形式是双向的,这表明关联关系两端的类的地位是平等的。关联关系又是一种结构关系,其中的角色代表一个类的对象在另一个类中的存在,即类中的对象是相互拥有的。当需要打破这种平等关系,强调类与对象之间的有向的拥有关系时,可以用聚集或组成关系对关联关系进行修饰,以表示类和对象之间的拥有关系。

5.4.1   聚集关系

聚集(Aggregation)是关联关系的一种,表示两个类之间的整体与部分的关系,表明聚集关系中的客户端以供应端的类的对象作为其一部分。聚集关系的客户端的类称为聚集类,聚集类的实例是聚集对象。位于聚集关系的供应端的类的实例是被聚集对象包含或拥有的部分。如果两个类具有聚集关系,则表示其中的聚集对象在物理上是由其他对象构造的,或逻辑上包含另一个对象,聚集对象具有其部分所有权。

聚集用端点带空心菱形的线段表示,空心菱形与聚集类连接,箭头方向是从部分指向整体。聚集关系构成了一个层次结构,表示整体的类位于层次结构的最顶部,以下依次是各个部分类。在对系统进行分析与设计时,需求描述中的"包含""组成""分成…部分"等词汇意味着存在聚集关系。

图 5.7 所示的 circle 类与 style 类是聚集关系。一个圆可以有颜色、是否填充等属性,可以用一个 style 对象表示这些属性。但是,同一个 style 对象也可以表示其他对象,如像三角形这样图形的样式的属性,即 style 对象可以用于不同的图形。如果 circle 这个对象不存在了,不一定就意味着 style 这个对象也不存在了。

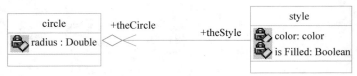

图 5.7   聚集关系的示例

以下为图 5.7 所示的聚集关系生成的 Java 源代码。

```
1.  public class circle {
2.    private double radius;
```

```
3.      public style theStyle;
4.  }
1.  public class style {
2.  private Color color;
3.  private Boolean isFilled;
4.  private circle theCircle;
5.  }
```

5.4.2　组成关系

组成(Composition)也表示类之间的整体与部分的关系,但是组合关系中的整体与部分具有相同的生命周期,即整体不存在了,部分也会随之消失。组合用端点带实心菱形的线段表示,实心菱形与组合类连接,箭头的方向是从部分指向整体。组合是一种特殊形式的聚集。在 Java 语言中,组成和聚集对应的 Java 源代码相同。

图 5.8 所示的 circle 类与 point 类是组合关系。一个圆可以由半径和圆心确定,但是如果圆不存在了,那么表示这个圆的圆心也就不存在了,所以 circle 类和 point 类是组合关系。

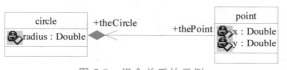

图 5.8　组合关系的示例

5.5　泛化关系

泛化(Generalization)关系描述类之间属性和操作的继承关系。当一个类的属性和操作被定义后,可以用泛化关系建立一个新导出的类,使得导出类自动具备基类已经具有的属性和操作,可以在任何基类出现的地方用其导出类代替它,但反之则不行。

泛化用从子类指向父类的箭头表示,指向父类的是一个空三角形。多个泛化关系可以用箭头线组成的树表示,每个分支指向一个子类。这种连接类型的含义是"is a kink of"(属于…中的一种)。另外,在父类中已经定义的属性和操作,在子类中不需要再定义。每种泛化元素都有一组继承特性。如果一个子类继承了它所有祖先的可继承特性,那么它的完整特性就包括继承特性和直接声明的特性。如果一个类只有一个父类,这样的继承关系称为单继承(Single

Inheritance)。UML 中的泛化可以直接映射为 Java 语言的关键字 extends,示例如图 5.9 所示。

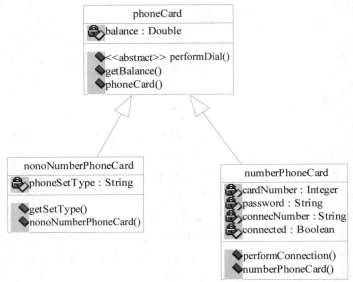

图 5.9 单继承关系的示例

以下为图 5.9 所示的继承结构生成的 Java 源代码。

```
1.  public class phoneCard {
2.    private Double balance;
3.    public phoneCard()  {
4.    }
5.    public void performDial()  {
6.    }
7.    public void getBalance() {
8.      return balance;
9.    }
10. }
1.  public class numberPhoneCard extends phoneCard {
2.  private Integer cardNumber;
3.  private String password;
4.  private String connecNumber;
5.  private Boolean connected;
6.  public numberPhoneCard() {
7.  }
8.  public void performConnection() {
```

```
9.
10. }
11. }
1.  public class nonoNumberPhoneCard extends phoneCard {
2.  private String phoneSetType;
3.  public nonoNumberPhoneCard() {
4.  }
5.  public void getSetType() {
6.  return phoneSetType;
7.  }
8.  }
```

5.6　依赖关系

在 UML 中,两个类之间的依赖(Dependency)关系表明其中的一个类(客户类)依赖于另一个类(供应类)提供的某些服务。UML 中的依赖关系被图形化地表示为一个带虚线的箭头,箭头指向的类是供应类(被依赖的类),箭头出发点的类是客户类,示例如图 5.10 所示。

图 5.10　类之间的依赖关系

在图 5.10 中,course(课程)类是独立的供应者,schedule(课程表)类是依赖于课程类的客户类。课程表类的操作 add 和 remove 都使用了课程类中的数据,课程类是这两个操作的参数类型。一旦课程发生变化,课程表也要随之改变。

5.7　接口和实现关系

软件系统的内部由大量相互关联的类构成,当对其中一个类的局部进行修改时,不应影响其他类的工作。为了实现这一点,可以为类或类的集合设定一个外部的行为规范,只要对类或类的集合进行的修改不会改变这个行为规范,就可以保证其他类乃至整个系统能正常工作。这样的规范在 UML 中称为接口(Interface)。接口是一系列操作的集合,它指定了一个类或者一个部件能提供的服务。接口只能拥有操作,不能拥有属性。接口可以用一个类图标表示。在接口图标的名字分隔框中有唯一的接口,接口名可以是简单名,也可以是路径名,接口名前可以带有构造型(interface),以与类的省略表示形式相区别。接口也可以用一个小圆表示,圆的下面是接口的名字。当用这种形式表示接口时,接口的操作不被列出。在 Rose 中,接口的表示方法如图 5.11 所示。

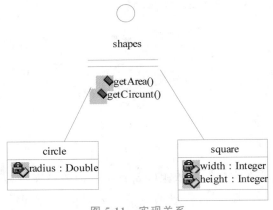

图 5.11　实现关系

接口强调类的外部行为规范,不强调该动态行为的实现方法。一个接口的动态行为可以用一个类实现。同时,一个接口可以同时为多个类规定其动态行为,这意味着一个接口可以有多种实现方法。不同的类,只要它们的实现遵循同一个接口,就可以在交互中实现。在 UML 中,如果要描述某个类实现了给定的接口,可以使用实现(Realization)关系。

实现关系是两个分类符之间的语义关系,表示其中的一个分类符为另一个分类符规定了应执行的动态行为。实现关系可以连接的分类符包括接口和类、接口和部件以及用例和协同。其中,接口规定了类或部件的动态行为,用例规定了协同的动态行为。实现关系的图形表示是一个以空心三角形为终点的虚线箭头,箭头指向的分类符是接口或用例。实现关系还有另一种图形表示形式,它只能用于接口的图标标识法,这时,实现关系被绘制为一条连接接口或部件的实线,示例如图 5.11 所示。

以下为图 5.11 所示的实现关系生成的 Java 源代码。

```
1.  public interface shapes {
2.  public Double getArea();
3.  public Double getCircunt();
4.  }
1.  public class circle implements shapes {
```

```
2.  private Double radius;
3.  public circle()  {      }
4.  public Double getArea() {
5.  return null;
6.  }
7.  public Double getCircunt() {
8.  return null;
9.  }
10. }
1.    public class square implements shapes {
2.    private Integer width;
3.    private Integer height;
4.    public square() {       }
5.    public Double getArea() {
6.    return null;
7.    }
8.    public Double getCircunt() {
9.    return null;
10.   }
11.   }
```

5.8　抽象类

　　没有具体对象的类称为抽象类(Abstract Class)。抽象类一般作为父类,用于描述其他类(子类)的公共属性和行为。例如,"交通工具"就是一个抽象类,很难想象该类的对象是什么,因为它不能是车,也不能是船,所以认为该类没有对象,但是它描述了交通工具的一般特征。表明一个类是抽象类的方法是用斜体字书写类名。

　　抽象类中一般都带有抽象方法。抽象方法用来描述抽象类的所有子类应具有什么样的行为,抽象方法只标记返回值、方法的名称和参数表,方法的具体实现细节并不详细地书写出来,而是由继承抽象类的子类实现,即抽象类的子类一定要实现抽象类中的抽象方法,否则这个子类仍然是一个抽象类。抽象类的表示方法如图 5.12所示。

　　以下为图 5.12 所示的实现关系生成的 Java 源代码。

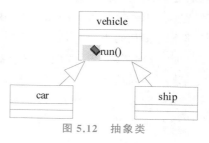

图 5.12　抽象类

```
1.  public class vehicle {
2.  public vehicle( ) {
3.  }
4.  public void run( ) {
5.  }
6.  }
1.  public class car extends vehicle {
2.  public car( ) {
3.  return null;
4.  }
5.  }
1.  public class ship extends vehicle {
2.  public ship( ) {
3.  return null;
4.  }
5.  }
```

接口与抽象类很相似,但是两者之间存在不同:接口只能拥有操作,不能拥有属性,而抽象类可以拥有属性;接口中声明的所有方法都没有实现部分,而抽象类中的某些方法可以有具体的实现。

5.9　边界类、控制类和实体类

UML 把类分为边界类(Boundary Class)、控制类(Control Class)和实体类(Entity Class)3 种类型。在进行面向对象分析与设计时,如何确定系统中的类是一个比较困难的工作,引入上述 3 种类有助于分析人员和设计人员确定系统中的类。

1. 边界类

边界类是描述系统与参与者之间交互的抽象要素。边界类只是对系统与参与者之间交互的抽象建模,并不表示交互的具体内容以及交互界面的具体形式。边界类位于系统与外界的交界处,窗体、对话框以及表示通信协议的类、直接与外部系统交互的类等都是边界类的示例。

对于每个参与者,都应至少设置一个边界类,以表示参与者与系统进行的交互处理。如果这个参与者与系统存在频繁的交互,并且各个交互内容之间不存在较密切的关系,就需要为这个参与者的每种交互设置一个边界类。如图 5.13 左侧所示,"售书界面"这个边界类就用来抽象地描述售书员与书店系统进行的交互。

2. 实体类

实体类是系统表示客观实体的抽象要素。例如书店信息系统中的"书目""书单"等都属于实体类。实体类保存的是要放入持久存储体的信息。持久存储体是指数据库系统、文件等可以永久存储数据的介质。实体类的表示方法如图 5.13 右侧所示。

售书员　　　　　　　　售书界面　　　　　书单
图 5.13　边界类与实体类

一般地,每个实体类在数据库中都有对应的表,实体类中的属性对应数据库中的表的字段,但是这并不意味着实体类和数据库中的表是一一对应的,可能是一个实体类对应多个表,也可能是多个实体类对应一个表。

3. 控制类

控制类是负责其他类工作的类。每个用例通常有一个控制类,控制用例中事件的发生顺序。控制类也可以在多个用例之间共用。其他类并不向控制类发送消息,而是由控制类发出很多消息。例如,书店系统中的"出售图书"就是控制类,如图 5.14 所示。

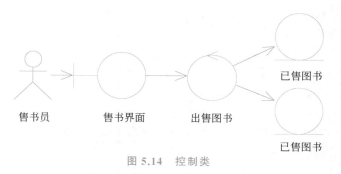

售书员　　　　　售书界面　　　出售图书　　　已售图书

已售图书

图 5.14　控制类

5.10　类图建模

UML 类图建模需要反复执行以下两个步骤:

• 确定类及其关联;
• 确定属性和操作。

本节将继续 3.8.4 节的内容,创建学生成绩管理系统的 UML 模型。

1. 确定类和关联

(1) 可以通过分析用例图确定类及其关联。通过图 3.7 的用例图分析可以确定 Grades 和 ReportGrades 两个类。

(2) 通过用例图中的参与者名称可以确定 Teacher、Student 和 Administrator 三个附加类。

(3) 检查用例图中各个用例所属的类。

① 发布学生成绩报告单——Grades 类。

② 输入成绩——Grades 类。

③ 更新成绩——Grades 类。

④ 保存成绩——Grades 类。

⑤ 加载成绩——Grades 类。

⑥ 查询成绩——Grades 类。

⑦ 生成学生成绩报告单——ReportGrades 类。

⑧ 系统登录——Login 类。

(4) 创建类之间的关联。

① Teacher 发布 Grades。

② Teacher 输入 Grades。

③ Teacher 更新 Grades。

④ 保存 Grades。

⑤ 加载 Grades。

⑥ Teacher 查询 Grades。

⑦ Student 查询 Grades。

⑧ Administrator 查询 Grades。

⑨ Administrator 生成 ReportGrades。

(5) 为了减少这些类之间的复杂性,可以将具有相同角色、与同一个类具有关联关系的关联进行适当归类。

① 第 1～3 个关联可以归类为 Teacher 维护 Grades。第 4～5 个关联是 Grades 与 Grades 之间的相互关联,可以把这两个关联放到 Grades 类的私有操作中,这样 Grades 类就可以执行需要的功能。

② Grades 类应提供查询成绩的操作,因为这个查询操作是供与其相关联的其他类调用的。

③ 还应提供一个 WebSite 类,以使 Login 类能够访问成绩系统,而且成绩查询结果的显示应由 WebSite 类提供。

④ Grades 类与 ReportCards 类之间是组成关系。

综上所述,最终确定系统的类之间的关联如图 5.15 所示。

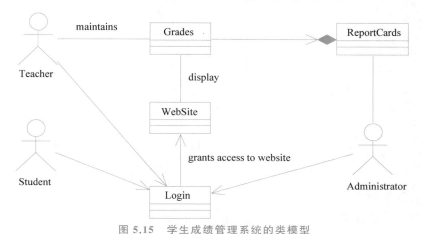

图 5.15　学生成绩管理系统的类模型

① Teacher 维护 Grades。

② Login 允许访问一个 WebSite。

③ WebSite 显示 Grades。

④ Teacher 通过 Login 查询 Grades。

⑤ Administrator 通过 Login 查询 Grades。

⑥ Administrator 生成 ReportCards。

⑦ Student 通过 Login 查询 Grades。

⑧ Grades 类与 ReportCards 类之间是组成关系。

(6) 标识类关联之间的多重性。

① 一个 Teacher 至少维护一个 Grades。

② 一个 Grades 只由一个 Teacher 维护。

③ 一个 Grades 只包含在一个 ReportCards 中。

④ 一个 ReportCards 至少包含一个 Grades。

⑤ 一个 Administrator 至少生成一个 ReportCards。

⑥ 一个 ReportCards 只由一个 Administrator 生成。

教师、管理员和学生都可以看作在线用户(OnLineUser),它们都具有登录网站查询学生成绩的权力。可以将 Login 类实例的实现功能作为 WebSite 类中的一个操作。通过上面的分析,可以得到带有多重性的类之间的关联模型,如图 5.16 所示。

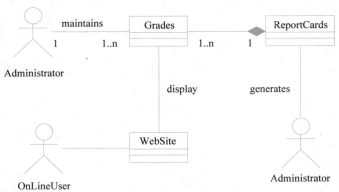

图 5.16   学成绩管理系统的类模型

2. 确定属性和操作

创建类以及类之间的关联之后,下一步就要确定类的属性和操作,以便提供数据存储和需要的功能,以实现用例图中的用例。

1) Grades 类

① 输入成绩——InputGrades( )

② 更新成绩——UpdateGrades( )

③ 分发成绩——Distribute( )

④ 存储成绩——SaveGrades( )

⑤ 加载成绩——LoadGrades( )

2) ReportCards 类

生成学生成绩报告单——Generate( )

3) WebSite 类

① 用户名——UserName

② 用户密码——Password

③ 登录功能——Login( )

④ 查询成绩——ViewGrades( )

为了方便地说明问题,这里仅列出了系统中关键类的核心属性和操作。

在面向对象系统的开发过程中,UML 类模型的最终完成是在系统分析与设计阶段反复迭代的结果。通过上面的分析,可以得到带有属性和操作的类之间的关系模型,如图 5.17 所示。

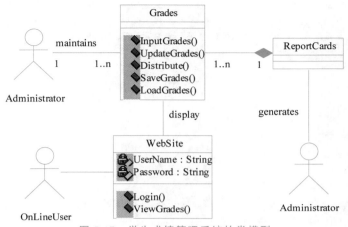

图 5.17 学生成绩管理系统的类模型

5.11 基于 Rose 建模类图

图 5.18 是 Rose 中提供的 UML 类图的建模图形符号。

图 5.18 类图的建模图形符号

1. 创建类图

（1）右击浏览窗口中的 Logical View，在弹出的上下文菜单中选择 New→Class Diagram 选项，创建一个新的类图。将这个类图的名字改为"学生成绩管理系统"，如图 5.19 所示。

（2）单击图标栏上的 Class 图标，将光标移动到类图窗口中。单击窗口空白

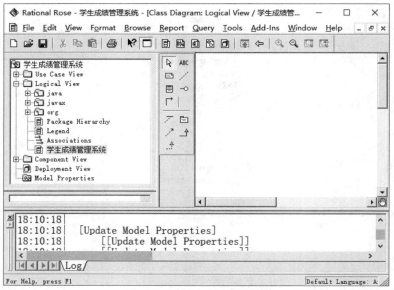

图 5.19　创建一个新的类图

处,则将在类图窗口中添加一个名为 NewClass 的类,将其改名为 Grades,如图 5.20 所示。

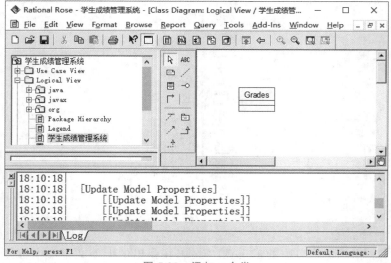

图 5.20　添加一个类

（3）添加类的属性。在浏览窗口中右击 Grades 类,在弹出的上下文菜单中选择 New→Attribute 选项,添加一个新的属性,并将其改名为 UserName,如

图 5.21 所示。

图 5.21　添加一个属性

　　(4)在浏览窗口中右击 UserName,选择 Open Specification 选项,则将弹出图 5.22 所示的 Class Attribute Specification for UserName 对话框。在这个对

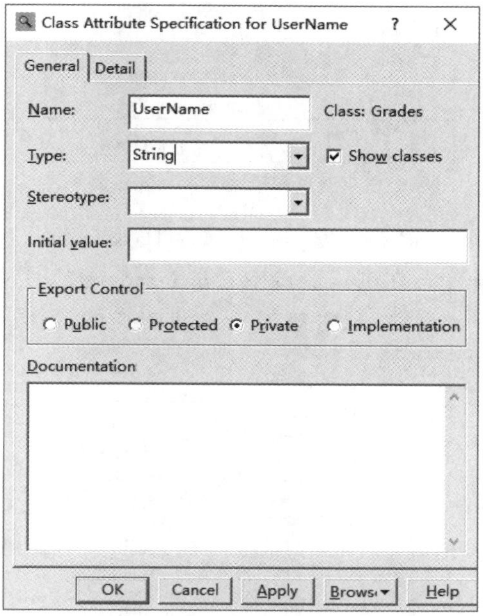

图 5.22　设置类的属性

话框中有 General 和 Detail 两个选项卡。General 选项卡用来设置属性的固有属性：Type(类型)、Stereotype(版型)、Initial value(初始值)、Export Control (输出控制)。

(5) 如图 5.23 所示,Detail 选项卡用于指定属性的其他特性。其中,Containment 区域表示属性的存放方式；By Value 表示属性放在类中；By Reference 表示属性放在类外,类将指向这个属性；Unspecified 表示还没有指定控制类型,应在生成代码之前选择 By Value 或 By Reference 单选项。另外两个复选框用来指定属性是静态的还是继承的。

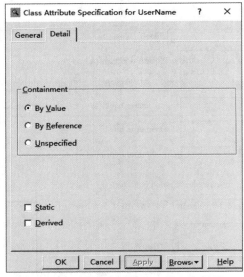

图 5.23　设置属性的 Containment 特性

(6) 重复上述操作,再添加类的一个属性 Password。

(7) 添加类的操作。在浏览窗口中右击 Grades 类,在弹出的上下文菜单中选择 New→Operation 选项,则将添加一个新的类的操作。将这个操作的名字改为 Login,如图 5.24 所示。

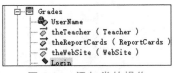

图 5.24　添加类的操作

(8) 在浏览窗口中右击 Login 操作,选择 Open Specification 选项,在弹出的对话框中可以设置操作的固有特性,如图 5.25 所示。

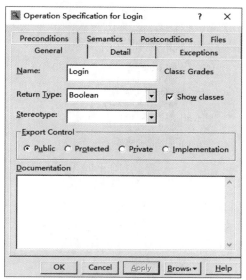

图 5.25　设置类的操作的特性

（9）重复上述操作，再添加类的 6 个操作：ViewGrades、InputGrades、UpdateGrades、Distribute、ShowGrades、LoadGrades。完成之后的 Grades 类的设计结果如图 5.26 所示。

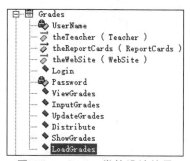

图 5.26　Grades 类的设计结果

2．创建类之间的关联关系

（1）创建图 5.27 所示的角色和类。

（2）在类图标上单击 Association 图标，在类图窗口中单击，从 Teacher 指向 Grades，在两者之间添加关联关系，如图 5.28 所示。

（3）可以给新添加的关联命名。在类图窗口中，单击 Teacher 和 Grades 之间的关联，在弹出的菜单中选择 Open Standard Specification 选项，则将弹出

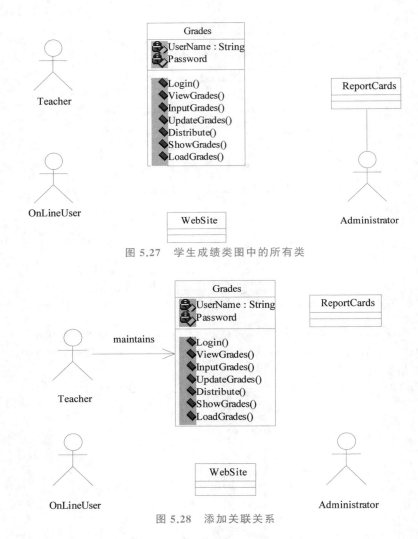

图 5.27   学生成绩类图中的所有类

图 5.28   添加关联关系

图 5.29所示的对话框。在该对话框中可以设置关联的属性。命名该关联为 maintains；也可以给关联两端的对象命名，箭头指向的称为 Role A，另一端称为 Role B。

（4）如图 5.30 所示，在对话框中单击 Role A Detail 选项卡，将 Multiplicity 属性设置为 1，再单击 Role B Detail 选项卡，将 Multiplicity 属性设置为 1..n。

（5）重复上述操作，完成其他角色与类、类之间的关联设置，设置后的类图如图 5.31 所示。

（6）Grades 与 ReportCards 之间存在组成关系。单击 Grades 和 ReportCards

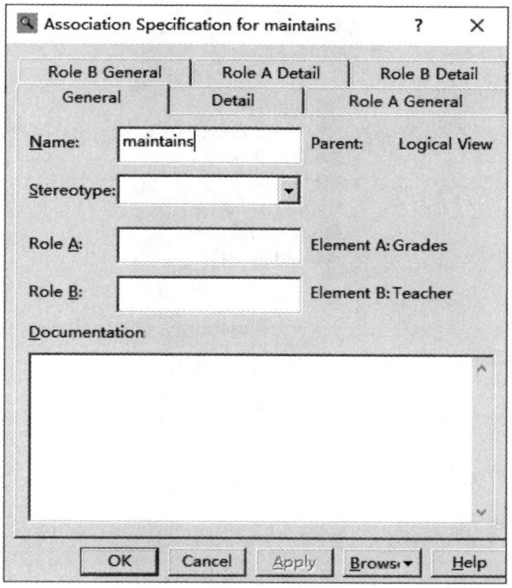

图 5.29 设置角色的名称

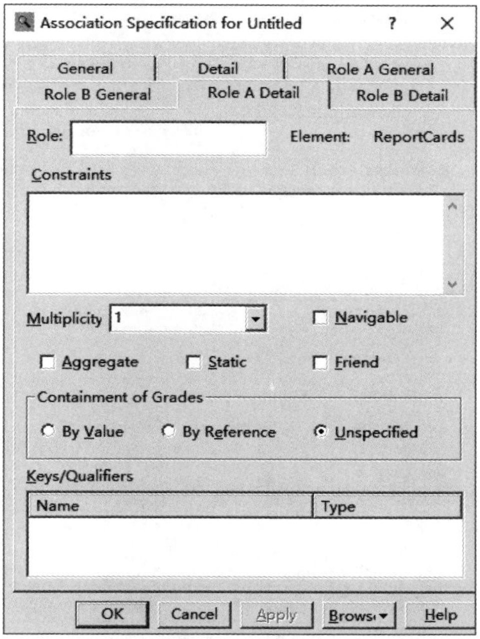

图 5.30 设置关联的角色的多重性

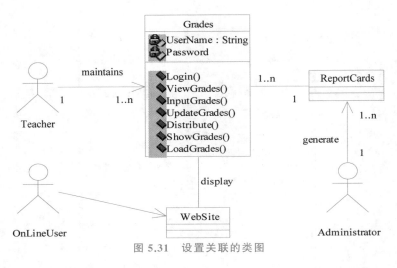

图 5.31　设置关联的类图

之间的关联线，在弹出的菜单中选择 Open Specification 选项，则将弹出规范对话框，单击 Role A Detail 选项卡，勾选 Aggregate 复选项，则将创建两者之间的聚集关系，如图 5.32 所示。

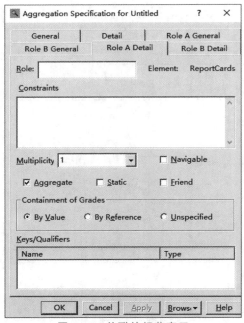

图 5.32　关联的规范窗口

（7）将图 5.32 中的 Containment of Grades 设置为 By Value，然后单击 Apply 按钮，则将类图中的聚集关系转变为组成关系，这样就完成了"学生成绩管理系统"的类图的建模，如图 5.33 所示。

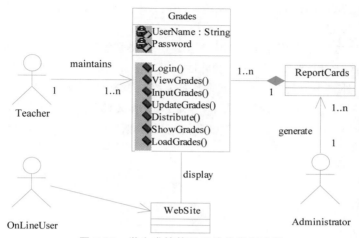

图 5.33　学生成绩管理系统的类图建模

5.12　UML 对象图

UML 类图表示类与类之间的关系，而 UML 对象图则表示在某一时刻这些类的具体实例和这些实例之间的连接关系。UML 对象图与类图具有相同的表现形式。UML 对象图的建模元素有对象和链接。对象是类的实例，对象之间的链接是类之间关联的实例，UML 对象图实际上就是类图的实例。在 UML 中，对象图的使用十分有限，主要用于表达数据结构的示例，以及帮助用户了解系统在某个特定时刻的具体情况。

使用 UML 建模时会涉及 9 种图，但是 Rose 只支持其中的 8 种图，对象图不能在 Rose 中直接表示出来，所以只能用交互图代替。

5.13　UML 包图

软件开发过程中比较常见的一个问题是如何把一个大的系统分解成多个较小的系统。分解是控制软件复杂度的重要手段。在面向对象系统的分析与设计中，如何把相关的类有机地组装在一起是一个非常重要的课题。

包在大型软件系统开发中是一个重要的机制，包中的元素不仅限于类，还可以是任何 UML 建模元素。包就像一个容器,可以把模型中的相关元素组织起来,使分析人员与设计人员更容易理解。包中可以包含类、接口、组件、结点、用例、包等建模元素。包可以把这些建模元素按照逻辑功能分组,以便反映它们之间的组成关系,这时的包称为子系统。包是纯概念性的,只存在于软件系统的开发阶段。

包与包之间存在依赖关系,但是这种依赖关系没有传递性。包与包之间也有泛化关系,子包继承了父包中可见性为 public 和 protected 的元素。在 UML中,包是一种分组事物,只在建模时用来组织模型中的元素,在系统运行时并不存在包的实例。在 UML 模型图中,包被绘制成文件夹的形状,同时具有包名。包也是 UML 的基本组成元素。图 5.34 是书店信息系统顶层逻辑结构的 UML包图。

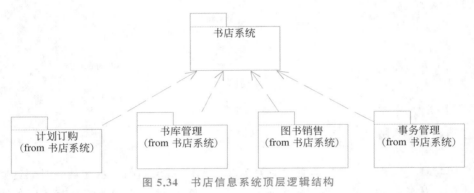

图 5.34　书店信息系统顶层逻辑结构

5.14　本章小结

系统的静态结构模型主要通过类图和对象图表达。面向对象分析的基本任务是发现类及其关系,确定类之间的静态结构和动态行为。类是所有面向对象方法中最重要的一个概念,是面向对象方法的基础,也是各种方法的最终目标。UML 的最终目标是识别出所有必需的类,并分析这些类之间的关系,从而通过程序设计语言实现这些类,以最终实现整个系统。

第6章   UML 数据建模

数据库是所有以信息处理为核心的应用系统的基础,数据库设计的质量直接关系系统开发的成败和优劣。数据库设计的方法与系统使用的开发方法有着密切的关系,同时与引用的数据库模型(层次模型、网状模型、关系模型、对象模型)有关。目前,经常使用 E-R(Entity-Relationship)图的方法进行数据库的设计。但是用 E-R 图设计数据库存在的主要问题是只能对数据建模,不能对行为建模。而 UML 类图的描述能力更强,UML 类图是 E-R 图的扩充。对于关系模型来说,可以用类图描述数据库模式和数据表。本章介绍的内容可以看作类图的一个具体应用实例。

6.1   数据库设计

数据库设计的基本过程主要涉及概念设计、逻辑设计以及物理设计 3 个阶段,如图 6.1 所示。

* 需求分析——需求分析的目的是从现实世界中获取并抽象出用户的信息需求,特别是对现实世界信息的理解和正确描述,包括对数据和功能的描述。需求分析是整个设计过程中最困难的一步,也是最重要的一步,因为以后的各个阶段都要以需求分析为基础开展。
* 概念设计——概念设计通过对用户需求的综合归纳,形成一个独立于任何 DBMS 的信息结构设计,它得到的是概念模型,是从用户的视角进行的数据描述,不依赖于任何软硬件环境。常用的概念模型是实体关系模型(E-R 图)。
* 逻辑设计——逻辑设计是将概念设计的结果转换为关系模型,并进行规范化处理。逻辑设计的最终结果是 DBMS 可以处理的数据模型,它与概念设计不同,概念设计是对客观世界的描述,与具体实现无关;而逻辑设计则依赖于 DBMS。对关系数据库而言,逻辑设计的结果是一组关系模式(关系表)的定义,它是 DBMS 能够接受的数据库定义。

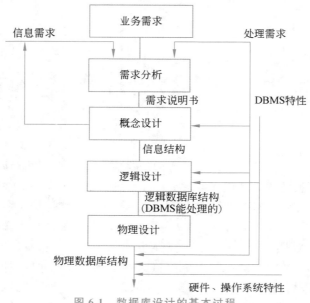

图 6.1   数据库设计的基本过程

• 物理设计——物理设计是在文件一级上进行的,例如数据库的存放位置、初始大小、数据文件的组织以及数据的索引等都属于物理设计。数据库的物理设计完全依赖于给定的硬件环境和数据库产品。

6.2   UML 概念设计

UML 是应用面向对象的方法进行系统开发的全程建模语言,可用于业务分析、需求分析、系统设计、系统实现与测试等系统开发的各个环节。

UML 概念设计的基本工作分为两方面。
• 从系统分析与设计建立的各种类图中抽取持久型类。
• 确定持久型类之间的关系,并用类图描述这种关系,从而把类图作为数据库概念设计的结果。

1. 抽取持久型类

持久型类是指类的完整信息需要在数据库中存储。在 UML 中,类可以分为边界类、控制类、实体类 3 种类型。边界类与控制类的信息一般不需要持久保存,而实体类就是持久型类,但不是所有的实体类的信息都需要持久存储,所以持久型类只需要从那些信息需要持久存储的实体类中抽取就可以了。

2. 确定持久型类之间的关系

在比较复杂的系统分析与设计中,并没有建立立足于整个系统的整体类图。也就是说,提取的持久型类被分散到了各个用例类图中。因此,需要对抽取的持久型类进行分析,以确定它们之间的关系,建立反映这些类的关系的类图。

6.3　UML 逻辑设计

逻辑设计是指将概念数据模型设计成适应于特定数据库的逻辑数据模式。逻辑数据模式也称逻辑模型或数据模式。关系数据库的数据模式是关系模型。如果采用关系数据库,则需要把类图描述的概念数据模型转换为等价的关系模式及其约束。数据库逻辑设计的结果是一组关联的规范关系、一系列经过结构化的业务规则,以及数据库存取的安全性设计。

逻辑设计的基本工作包括以下内容。

- 由概念数据模型导出关系模式。
- 规范化关系模式。
- 结构化业务规则。
- 数据库存取的安全性设计。

由于本书主要讨论面向对象系统的分析与设计,所以这里仅介绍第 1 项工作,其余各项工作请读者参阅相关的关系数据库理论与应用方面的书籍。

关系模式的基本内容是一组关联关系。在关系模式中,关系的一般形式可以表示为:

$R(A_1, A_2, \cdots, A_n)$

其中,R 为一个关系,A_i 为关系的属性。关系 R 也可以用一个二维表表示,二维表的列为 R 的属性 A_i,行为元组。

如果用类图描述概念数据模型,则需要把类图中的每个类转换为一个关系,类的属性作为关系的属性,在转换时,还需要在关系模式中反映类与类之间的关系。

6.3.1　关联关系的转换

将具有关联关系的 UML 类图转换成关系模式,完全能够反映 UML 类之间的关联关系。

1) 二元关联关系的转换

在图 6.2 所示的类图中,"公司"与"经理"两个类之间存在二元关联关系。

将图 6.2 所示的类图转换为关系模式,如下所示。

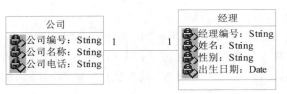

图 6.2   描述二元关联关系的类图

- 公司(公司编号,公司名称,公司电话,经理编号)
- 经理(经理编号,姓名,性别,出生日期)

上述关系模式完全反映了两个类之间的关联关系。"公司"类中的"经理编号"属性关联到"经理"关系。所以,通过关联关系设计的类图转换而成的关系模式能够完全反映类之间存在的关联关系。

2)多元关联关系的转换

在图 6.3 所示的类图中,"公司""产品""客户"3 个类与"合同"类之间存在三元关联关系。

图 6.3 所示的类图转换为关系模式,如下所示。

- 公司(公司编号,公司名称,公司电话)
- 产品(产品编号,产品名称)
- 客户(客户编号,客户名称,地址,电话)
- 合同(客户编号,公司编号,产品编号,合同内容)

上述关系模式完全反映了 3 个类之间的关联关系。由"合同"关系中的"客户编号""公司编号""产品编号"分别关联到"公司""产品""客户"3 个关系。

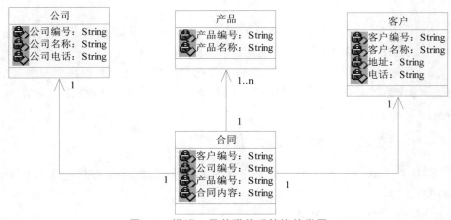

图 6.3   描述三元关联关系转换的类图

6.3.2 组成关系的转换

组成关系是关联关系的一种特例,所以组成关系完全可以按照关联关系的方法转换为关系模式。在图 6.4 所示的类图中,"学院"与"系部"两个类之间存在组成关系。

图 6.4 描述组成关系转换的类图

将这个类图转换为如下关系模式,由"系部"中的"学院名称"属性与"学院"建立关联关系。

- 学院(学院名称,地址,电话)
- 系部(学院名称,系部名称,概况)

6.3.3 泛化关系的转换

关系模型中没有"泛化"的概念,所以"泛化"关系需要根据实际情况选择转换的方法,通常采用的是"一类对一关系"的转换方法,即把存在泛化关系的类图中的一个类转换为关系模式中的一个关系。当然,在转换时需要在子类转换的关系中增加父类的关键属性。在图 6.5 所示的类图中,"专科生""本科生""研究生"3 个类与"学生"类之间存在泛化关系。

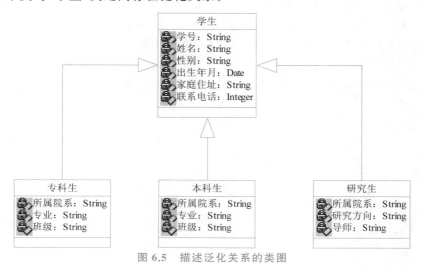

图 6.5 描述泛化关系的类图

将图 6.5 所示的类图转换为如下对应的 3 个关系。但是,在"专科生""本科生""研究生"3 个关系中增加了"学号"作为与"学生"关系的关联。

- 学生(学号,姓名,所属院系,专业,班级)
- 专科生(学号,姓名,所属院系,专业,班级)
- 本科生(学号,姓名,所属院系,专业,班级)
- 研究生(学号,姓名,研究方向,导师)

6.4 物理设计

数据库的逻辑设计确定之后,就要进行数据库的物理设计了。数据库的物理设计是指在已经确定的逻辑结构的基础上,设计在特定应用环境下效率高并可实现的物理数据库结构。物理设计还要考虑操作的约束、数据库的性能以及数据库的安全性等问题。物理设计首先需要考虑数据库的物理环境,包括选择的 DBMS、数据存取设备、存储组织和存取方法、设备分布等因素。

数据库的物理设计一般包括数据表的设计、数据库的完整性约束设计、视图设计、安全性实现和业务规则实现等工作。有关这方面的内容,请读者参阅相关的关系数据库理论与应用方面的书籍。

6.5 本章小结

UML 数据建模与 E-R 图有着本质的区别。在 E-R 图中,关系数据库系统的重点是数据库的结构。概念设计是关系数据库系统开发的重点和难点。而UML 是用于面向对象系统开发的全程建模语言,可以用于需求分析、系统分析与设计、系统实现、系统测试等系统开发的所有环节。由于 UML 基于面向对象技术,故需要保持方法的一致性,即使用面向对象技术和环境开发系统,通常的做法也是使用 UML 进行建模,使用关系数据库存储和管理数据。

第7章　UML 状态图和活动图

　　UML 状态图（State Diagram）用来描述一个特定对象所有可能的状态，以及引起其状态转移的事件（Event）。大多数面向对象技术都用状态图表示单个对象在其生命周期内的行为。一个状态图包括一系列的状态以及状态的转移。UML 活动图（Activity Diagram）在用例图之后提供了在系统分析中对系统的充分描述。活动图还可以在系统设计阶段建模复杂的对象行为。本章将介绍 UML 状态图和活动图，并以学生成绩管理系统为例阐述在 Rose 建模环境下创建 UML 状态图和活动图的方法和步骤。

7.1　UML 状态图

　　UML 状态图是一个类的实例（对象）可能经历的所有历程的模型图。状态图由对象的各个状态和链接这些状态的转移组成，并给出状态变化序列的起点和终点。

7.1.1　状态图的概念

　　状态图描述一个对象在其生命周期内的动态行为，表现一个对象经历的状态变化、引起状态转移的事件，以及因为状态转移而产生的动作（Action）。通过状态图可以了解一个对象能达到的状态，以及事件对对象状态的影响。状态图针对一个特定的类，描述的是对象的转移。

　　状态图主要用于检查、调试和描述类的动态行为。所谓"状态机"的概念是指对一个对象（类的实例、用例的实例或者系统的实例）的生命周期进行建模，而状态图就是用于显示状态机的。状态图中有 3 个独立的状态符号：开始状态、结束状态、状态，如图 7.1 所示。

- 开始状态——用一个实心圆表示，表示一个状态机或子状态的开始位置。
- 结束状态——用一个内部含有实心圆的圆圈表示，表示一个状态机或外围状态已经执行完成。

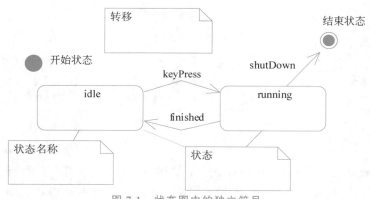

图 7.1   状态图中的独立符号

7.1.2   状态

状态是指在对象的生命周期内的某个条件或状况,在此期间,对象将满足某些条件、执行某些活动或等待某些事件。所有的对象都具有状态,状态是对象执行一系列活动的结果。当某个事件发生后,对象的状态将发生变化。

一个状态由状态名(Name)、进入/退出动作(Entry/Ext Action)、内部转移(Internal Transition)、子状态(Substate)、延迟事件(Deferred Event)等组成。

- 状态名——是一个可以把该状态和其他状态区分开的标识符。
- 进入/退出动作——是进入/退出这个状态时执行的操作。
- 内部状态——不导致状态改变的转移。
- 子状态——状态的嵌套结构,包括顺序活动或并发活动的子状态。
- 延迟事件——指在该状态下暂不处理,但将推迟到该对象的另一个状态下排队处理的事件列表。

图 7.2 描述了通过鼠标使用图像浏览工具在窗口上拖曳图像过程中的某个状态。图像浏览工具接受三类鼠标消息——一是鼠标左键被按下(LBDown = true);二是鼠标移动(MouseMove);三是鼠标左键被释放(LBDown=false)。一旦选定某个图像,就可以修饰这个图像(例如在图像上输入字符)。如果对象处于活动状态(鼠标左键被按下、图像当前正在被拖曳),在这个过程中,如果出现任何其他事件(例如输入字符),则对象将延迟响应这个事件。

状态可以分为开始状态、结束状态、中间状态以及组合状态等。一个状态图只能有一个开始状态,但是可以有多个结束状态,也可以没有结束状态。

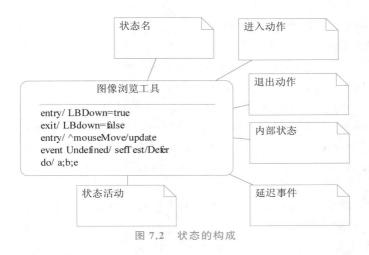

图 7.2　状态的构成

7.1.3　子状态和组合状态

嵌套在另一个状态中的状态称为子状态（SubState），一个含有子状态的状态称为组合状态（Composite State）。

1. 顺序子状态

子状态之间可以是 or 关系（顺序子状态）。or 关系说明在组合状态中的某一时刻仅可以到达一个子状态。下面通过一个示例说明顺序子状态的概念。图 7.3 描述的是一个对 ATM 系统的行为建模的示例。

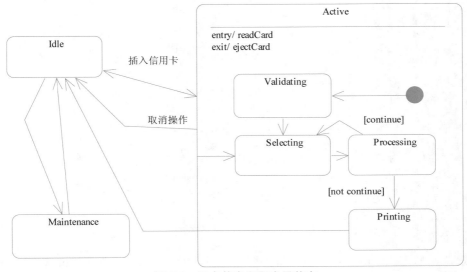

图 7.3　组合状态和顺序子状态

ATM 系统有以下 3 个基本状态。

- Idle——空闲(等待与客户进行交互)。
- Active——活动(处理一个客户的事务)。
- Maintenance——维护(银行人员给 ATM 装钱等)。

在 Active 状态下,ATM 具有的行为是——验证客户(子状态:Validating)→选择一个事务(子状态:Selecting)→处理事务(子状态:Processing)→打印收据(子状态:Printing)。打印完成后,ATM 的行为返回 Idle 状态。在这里,Active 是一个组合状态,包括 Validating、Selecting、Processing 和 Printing 4 个子状态。

当客户将信用卡插入 ATM 时,ATM 的状态就从 Idle 转换到 Active。在进入 Active 状态时,ATM 将执行一个 readCard 动作。此时,将从组合状态的开始状态启动,控制从 Validating 子状态转移到 Selecting 子状态,再转移到 Processing 子状态。在 Processing 子状态之后,控制可能返回 Selecting 子状态(如果客户选择另外一个事务),或者可能转移到 Processing 子状态。

在 Processing 子状态之后,有一个转移返回 Idle 状态。

Active 状态还有一个退出动作,以便退出客户的信用卡。

2. 并发子状态

在某些建模情形下,可能需要描述并发类型的子状态,即子状态之间是 and 关系。and 关系说明组合状态中在某一时刻可以同时到达多个子状态。图 7.4 描述的是并发子状态的示例。

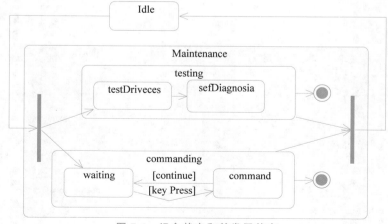

图 7.4　组合状态和并发子状态

- 状态 Maintenance 被分解为两个并发子状态 testing 和 commanding,并

且每个并发子状态都被进一步分解为顺序子状态。

- 当控制从 Idle 状态传送到 Maintenance 状态时,控制就分为两个控制流——testing 子状态与 commanding 子状态。
- testing 子状态与 commanding 子状态的执行是并发的。如果其中一个并发子状态先于另一个到达它的终态,那么先到达的子状态的控制将在它的终态等待。当两个并发子状态都到达它们的终态时,来自两个并发子状态的控制就汇成一个流,返回 Idle 状态。

7.1.4　转移

一个转移(Transition)是两个状态之间的一种关系,表示对象将在第一个状态中执行一定的动作,并在某个事件发生且满足某个警戒条件时进入第二个状态。描述转移的语法格式如下。

事件名 '('参数列表')' '['警戒条件']' '/'动作表达式

- 参数列表是以逗号分隔的列表,是可选的。
- 警戒条件是可选的,用于指定一个支持动作标签必须满足的条件。如果未指定警戒条件,则将省略方括号。
- 在使用 entry 动作标签时,指示动作表达式是一个在进入状态时执行的过程。
- 在使用 exit 动作标签时,指示动作表达式是一个在退出状态时执行的过程。
- 在使用 do 动作标签时,指示动作表达式是一个正在进行的活动。
- 动作标签也可能是事件。
- 动作表达式是可选的,用来标识状态转移时执行的动作或过程。

状态之间的转移由事件触发,所以应在转移上方标注触发转移的事件表达式。如果转移上方没有标注事件,则说明在原状态的内部活动执行完毕后会自动触发转移。对于一个给定的状态,最终只能产生一个转移,因此从相同的状态出来、事件相同的几个转移之间的条件应该互斥。

图 7.5 描述的是存在互斥关系的转移的示例。当对象在状态“检查判别式的值”时,如果事件 root 被触发,根据 $b \times b - 4a \times a \times c$ 的不同值,就可以确定是转移到“求实根”还是“求虚根”状态。

7.1.5　事件

事件(Event)是对一个在事件和空间上占有一定位置且有意义的事情的规

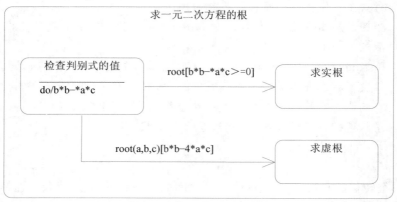

图 7.5　相互之间互斥的转移

格说明。产生事件的原因主要有调用(满足)条件的状态出现、到达某一时刻、经历某一时间段、发送信号等。事件通常在从一个状态转移到另一个状态的路径上直接指定。事件用来指示是什么导致了模型中状态的改变。定义事件的语法格式如下。

事件名 '('参数列表')'

其中,参数列表是以逗号分隔的列表,是可选的,指定传递给该事件的形式参数。

图 7.5 所示的事件 root 是调用事件(Call Event)。调用事件表示对类的操作的调度。其中,root 是事件名,参数是 a、b、c。调用事件是同步事件。

对于一个状态,如果由于一个布尔表达式中的变量发生变化,使得该表达式的值发生改变,从而满足某些条件并触发某一事件,则称这种事件为自转移事件(Change Event),用关键字 when 表示。自转移事件表示一个不断被测试的事件。图 7.6 所示是自转移事件的示例。

图 7.6　自转移事件

对于一个状态,如果由于某一时间表达式的条件而触发某一事件,则称这种事件为时间事件(Time Event)。时间事件用关键字 after 表示。图 7.7 所示是时间事件的示例。

对于一个状态,如果由于接收到了某一信号而触发某一事件,从而使状态发生转移,则称这种事件为信号事件(Signal Event)。这里的信号是指由一个对象异步发送并由另一个对象接收的已命名的对象。信号事件是异步事件,而且与调用事件的表示格式相同。

图 7.7　时间事件

7.1.6　动作

动作(Action)说明了事件发生时发生了什么行为。动作是一个可执行的原子计算。动作是不可以被中断的,即动作的执行时间是可以忽略不计的。动作可以直接作用于拥有状态机的对象,并间接作用于对该对象可见的其他对象。

开始状态可以具有以下基本动作类型。

- Entry——表示进入状态时要执行的动作。
- Exit——表示退出状态时要执行的动作。
- Do——表示处于某个状态时发生的活动。
- Event——表示当特定的事件触发时发生的动作。

以下是动作的示例。

```
Entry / nmberOfStudents = 0
Do / refershStudentList( )
```

第一个示例使用 Entry 动作标签初始化变量 numberOfStudents 为 0;第二个示例使用 Do 动作标签,通过调用一个本地操作刷新学生列表。

7.1.7　决策点

决策点(Decision)通过在中心位置分组转移到各自方向的状态提高了状态图的可视性,为状态图建模提供了便利。如图 7.8 所示,状态 A 可以进入状态 B、C 和 D 中的任何一个状态。决策点的标记符是一个空心菱形,带有一个或多个输入路径。

7.1.8　状态图建模

状态图反映了一个对象的状态变化。在状态图中要写明状态名,转移可能作为对触发事件的响应而发生,并且需要一个活动。转移也可能因为状态中活动的完成而引起,还可能因为满足了一个特定的条件而引起。状态图能够帮助分析人员、设计人员和开发人员理解系统中各个对象的操作,使他们在软件开发

结束状态

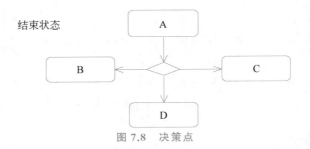

图 7.8　决策点

过程中更好地实施这些操作。

　　交互图用来描述系统对象之间的动态协作关系，以及协作过程中的行为次序。交互图经常用来描述一个用例中的几个对象协作工作的行为，显示该用例涉及的对象和这些对象之间的消息传递情况，但是并不对这些对象的行为进行精确定义。如果想要描述跨越多个用例的单个对象的行为，则应使用状态图。

　　在实际的软件开发中，并不需要为每个类的实例都创建状态图，这样会花费大量的时间和精力，也没有必要。可以只为关键类的实例创建状态图，以帮助用户理解研究的问题。下面以学生成绩管理系统为例说明如何用状态图对成绩类的实例建模。

1. 标识需要进一步建模的类实例

　　首先要标识哪些类的实例需要用状态图进一步建模。状态图更适用于具有清晰、有序状态的类的实例的建模，而对于具有复杂行为的实例，更适合用活动图建模。

2. 标识触发每个类实例的开始状态和结束状态的事件

　　要准确地标识某个类的实例的开始状态，需要知道类是如何实例化的，以及类的实例是如何开始产生的，即当什么样的事件被触发时，类需要实例化。对于 Grades 类来说，当输入一个新的成绩且需要保存时，就需要将类实例化。

　　要准确标识某个类的实例的结束状态，需要知道类的实例何时从系统中退出，即当什么样的事件被触发时，类的实例的生命周期才结束。Grades 类的实例在完成数据保存的操作之后，无论该操作是否成功，都需要退出系统。

　　综上所述，触发 Grades 类的实例的状态图的开始状态和结束状态的事件如下。

　　① 开始状态——Input Grades。

　　② 结束状态——Destroy。

3. 确定与每个类实例相关的事件

事件用来完成最终类的实例的功能。要确定类的实例的事件,需要知道事件的任务。对于 Grades 类的实例来说,它的任务是保存成绩。所以,Grades 类的实例的事件包括接收用户输入的成绩、成功或不成功地保存成绩。清楚了这些事件之后,就可以为 Grades 类的实例创建这些事件的状态列表。

① Ready——用于加载成绩。

② Persisting——用于保存成绩。

③ Saved——用于已经成功地保存成绩。

④ Error——用于由于数据等的异常而未能成功地保存成绩。

4. 从开始状态开始创建状态图

下面将创建一个初始的状态图,描述 Grades 类的实例的不同状态,以及触发状态改变的事件,如图 7.9 所示。

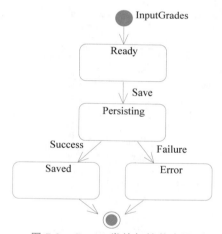

图 7.9　Grades 类的初始状态图

5. 如果必要,则创建组合状态

创建初始的状态图后,可以对其进行检查,以确定是否需要通过创建组合状态以对某些状态做进一步的描述。

在本例中,Persisting 状态的描述不详细。如果详细地分析 Persisting 的状态,则将发现保存成绩的过程可以分为两方面:一是加载、更新后成功地保存成绩;二是成绩保存失败。因此,可以为 Persisting 状态提供子状态以做进一步的描述,如图 7.10 所示。

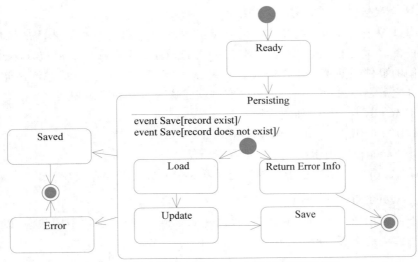

图 7.10   带有子状态的 Grades 类的实例的状态图

7.1.9   基于 Rose 创建状态图

图 7.11 所示为 Rose 中状态图的建模符号。

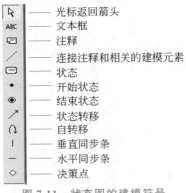

↖	—— 光标返回箭头
ABC	—— 文本框
▭	—— 注释
⁄	—— 连接注释和相关的建模元素
⬭	—— 状态
◆	—— 开始状态
◉	—— 结束状态
↗	—— 状态转移
↻	—— 自转移
│	—— 垂直同步条
—	—— 水平同步条
◇	—— 决策点

图 7.11   状态图的建模符号

下面以图 7.9 所示的状态图为例,介绍在 Rose 建模环境下创建状态图的方法和步骤。

(1) 在浏览窗口中右击 Grades 类,在弹出的上下文菜单中选择 New→ Statechart Diagram 选项,创建一个新的状态图。

(2) 在图标栏中单击起始状态图标 Start State,创建一个起始状态 Input Grades,再创建状态 Ready、Persisting、Saved、Error 和结束状态 Destroy,如

图 7.12 所示。

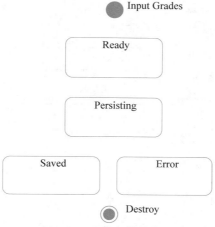

图 7.12　重建新的状态图

（3）在图标栏中单击 State Transition 图标，从起始状态 Input Grades 指向 Ready 状态，在两者之间创建一个转移。用同样的方法分别创建转移 Success 和 Failure，如图 7.13 所示。

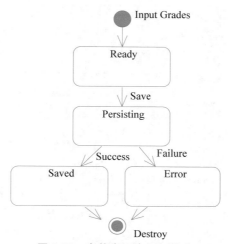

图 7.13　在状态图中添加转移

（4）双击 Success 转移，则将弹出 State Transition Specification 对话框。在 Event 文本栏中输入 Success，如图 7.14 所示。

（5）在 State Transition Specification 对话框中单击 Detail 选项卡，可以在 其中输入转移的其他信息。这里输入 record exists，如图 7.15 所示。

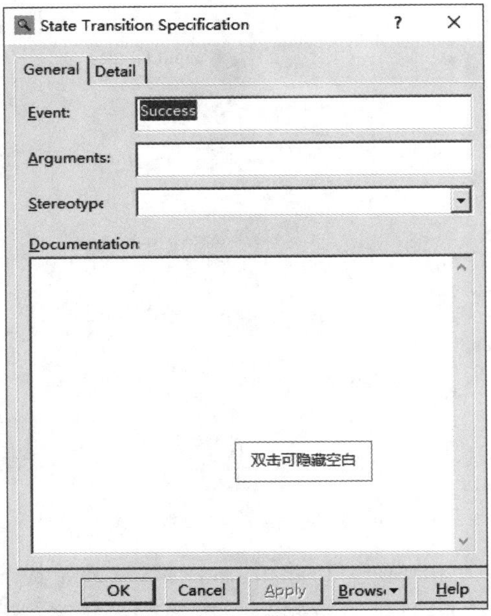

图 7.14　添加转移

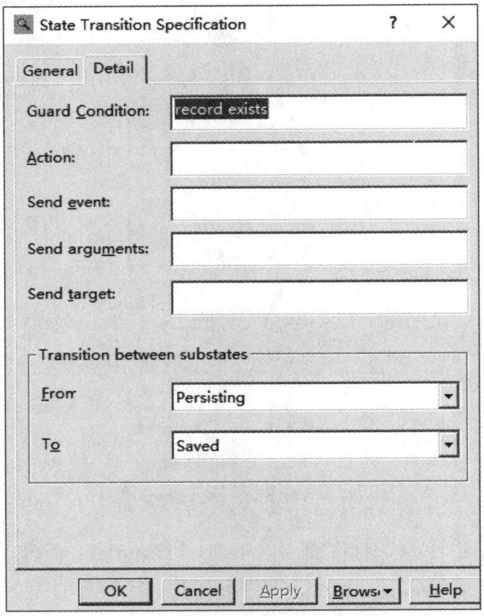

图 7.15　输入转移的其他信息

（6）使用同样的方法设置转移 Failure。最后完成的状态图如图 7.16 所示。

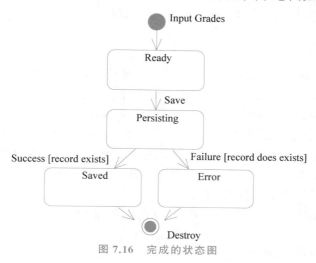

图 7.16　完成的状态图

7.2　UML 活动图

高级程序设计语言的程序设计流程图是历史悠久的计算机建模工具之一。流程图描述了一个问题解决的执行步骤、执行流程、判断点和分支转移。初次学习程序设计的人可以选择流程图作为可视化描述工具以表达问题并推导出问题的解决方案。随着学习的逐渐深入，具有丰富的特征和多种不同类型的 UML 活动图（Activity Diagram）将成为最佳选择。UML 活动图和程序流程图类似，显示出一个问题的活动（工作步骤）、判断点和分支，用于简化描述一个过程或操作的工作步骤。

7.2.1　活动图的概念

活动图可以用来描述系统的工作流程和并发行为。活动图是由状态图变化而来的，它们各自用于不同的目的。活动图根据对象状态的变化捕获动作（将要执行的动作或活动）与动作的结果，一个活动结束以后将立即进入下一个活动。而在状态图中，状态的变化可能需要事件触发。活动图的主要用途如下。

* 描述一个操作执行过程（操作实现的实例化）中完成的工作（动作），这是活动图最常见的用途。
* 描述对象内部的工作。

- 显示用例的实例是如何执行动作以及如何改变对象的状态。
- 说明一次业务活动中的角色、工作流、组织和对象是如何工作的。

7.2.2　活动

活动(Activity)是活动图中指示要完成某项工作的指示符。活动可以表示某流程中任务的执行,或者表示某算法中语句的执行。在活动图中,要注意区分动作状态(Action State)与活动状态(Activity State)这两个概念。活动也称动作状态,活动是原子的,不能被分解,没有内部状态,也没有内部活动,活动工作占用的时间是可以忽略的。动作状态的目的是执行进入动作,然后转向另一个状态。活动状态不是原子的,是可分解的,其工作的完成需要一定的时间。可以把动作状态看作活动状态的特例。

UML 中描述了两个特殊的状态,即开始状态和结束状态。开始状态用实心黑点表示,结束状态用带圆圈的实心黑点表示。每个活动图只能有一个开始状态,但是可以有无数个结束状态。

7.2.3　分支

在活动图中,同一个触发条件可以根据不同的条件转向不同的活动,每个可能的转移称为一个分支(Branch)。分支用来表示从一种状态到另一种状态的控制流。分支可以显示从状态到活动、活动之间、状态之间的控制流。在 UML 中,表示分支的方法有两种:使用控制点和使用决策点;它们都可以修改活动图中的条件。控制点可以使控制流沿着满足警戒条件的方向转移,而决策点需要对控制流继续的方向做出选择后才能确定转移的方向。图 7.17 描述了使用控制点实现学生成绩输入的活动图。

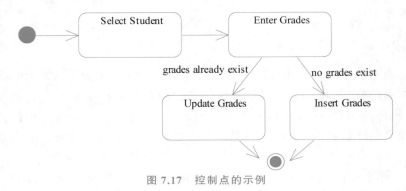

图 7.17　控制点的示例

图 7.18 描述的是使用决策点实现学生成绩输入的活动图。

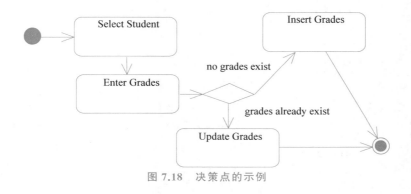

图 7.18　决策点的示例

7.2.4　分叉与汇合

分支表示从多种可能的活动转移中选择一个,如果要表示系统或对象中的并发行为,则可以使用分叉(Fork)和汇合(Join)这两个建模元素。

- 分叉——表示一个控制流被两个或多个控制流代替,经过分叉后,这些控制流是并发执行的。
- 汇合——汇合与分叉正好相反,表示两个或多个控制流被一个控制流代替。

7.2.5　泳道

活动图中没有描述每个活动是由哪一个类完成的,为了描述类与类之间进行的交互,活动图中引入了泳道(Swim Lane)的概念。泳道用矩形框表示,属于某个泳道的活动放在该矩形框中,将对象名放在矩形框的顶部,表示泳道中的活动由该对象负责。泳道根据每个活动的职责对所有活动进行划分,每个泳道代表一个责任区。注意:泳道和类并不是一一对应的,泳道关心的是其代表的职责,一个泳道可能由一个类实现,也可能由多个类实现。

7.2.6　活动图算法建模

Fibonacci 数列的取值规则是:第 1 个值是 1,第 2 个值也是 1,除了最开始的两个数以外,其余每个数都是它前面两个数之和。假设有一个类 Fib,它的一个操作 computeFib(n)用来计算 Fibonacci 数列的第 n 个数的数值,即计算 computeFib(n),在该操作中就需要设置几个变量。计算变量 Count 用来跟踪是否已经计算到第 n 个 Fibonacci 数,还需要两个变量,用来存储要相加的两个 Fibonacci 数。根据以上分析,可以得到图 7.19 所示的描述 Fibonacci 数列算法的活动图。

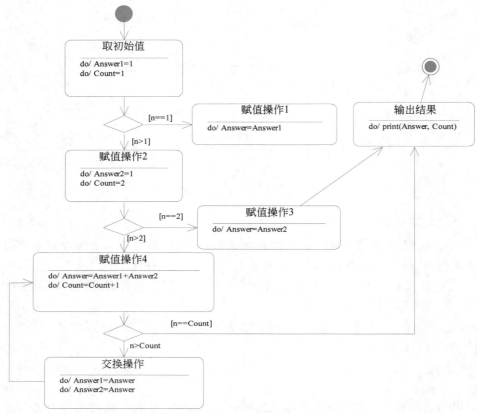

图 7.19   计算 Fibonacci 数列的第 n 个数的活动图

7.2.7   活动图的工作流建模

1. 标识用例

在创建学生成绩管理系统的活动图之前，首先要确定使用哪一个用例的工作流程。这里选择 Update Grades 用例，如图 7.20 所示。

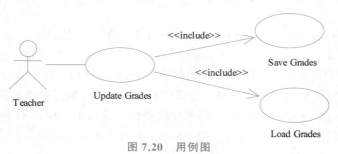

图 7.20   用例图

2. 建模主路径

　　在创建用例的初始活动图时,可以使用一条最简单的路径描述执行的工作流程,然后从该路径进行扩展。在本例中,教师更新成绩的最简单的方式是登录网站→选择学生→加载成绩→修改成绩→保存修改结果,如图 7.21 所示。

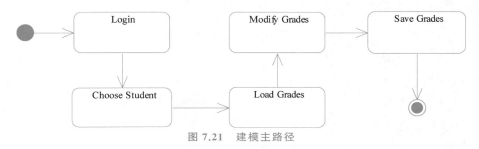

图 7.21　建模主路径

3. 建模从路径

　　主路径建模完成后,还要认真检查这个活动图是否存在其他的可能转移路径,可能包括异常处理或者执行其他活动。在本例中,需要向初始活动图中添加描述异常处理的一个活动 Display Exception。同时,选择学生这个活动还包含加载课程、加载班级以及加载成绩这 3 个并行处理的活动。因此,需要使用分叉和汇合这两个建模元素。添加上述活动后的活动图如图 7.22 所示。

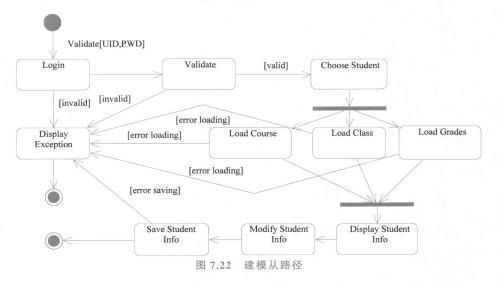

图 7.22　建模从路径

4. 添加泳道

泳道可以提高活动图的可读性。在本例中,活动图分成了两个泳道。第一个泳道是 Teacher 类实例,第二个泳道是 WebSite 类实例。这样划分之后,就能更好地区分这两个类之间进行活动的范围。最终完成的 Update Grades 用例的活动图如图 7.23 所示。

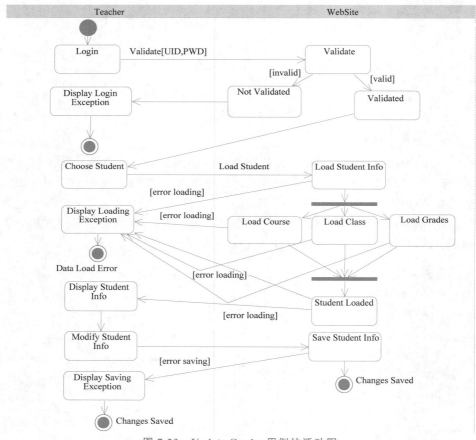

图 7.23　Update Grades 用例的活动图

7.2.8　基于 Rose 建模活动图

在 Rose 中,活动图的建模符号如图 7.24 所示。

下面以绘制学生成绩管理系统中的 Update Grades 用例的活动图为例,介绍在 Rose 建模环境下创建活动图的方法和步骤。

（1）在浏览窗口中单击 Use Case View，选择 UpdateGrades 用例并右击，在弹出的上下文菜单中选择 New→Activity Diagram 选项，则在该用例中添加了一个名为 newDiagram 的活动图，将其改名为 UpdateGrades，如图 7.25 所示。

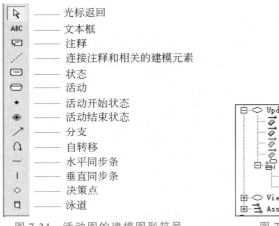

—— 光标返回
—— 文本框
—— 注释
—— 连接注释和相关的建模元素
—— 状态
—— 活动
—— 活动开始状态
—— 活动结束状态
—— 分支
—— 自转移
—— 水平同步条
—— 垂直同步条
—— 决策点
—— 泳道

图 7.24　活动图的建模图形符号

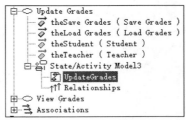

图 7.25　添加新的活动图

（2）单击图标栏上的 Swimlane 图标，然后在活动图窗口中单击，即可添加一个名为 NewSwimlane 的新泳道，同时在浏览窗口的 UpdateGrades 图标下也将出现一个泳道 NewSwimlane 的标识。用同样的方法再添加一个新泳道 WebSite，如图 7.26 所示。

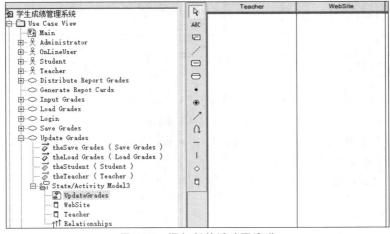

图 7.26　添加新的活动图泳道

　　(3) 单击图标栏上的 Start State 图标,将其放置到 Teacher 泳道内,并将其命名为 Teacher。单击图标栏上的 Activity 图标,在 Teacher 泳道内添加一个新的活动 Login。单击图标栏上的 Transition 图标,将光标从开始状态 Teacher 指向 Login,则在开始状态 Teacher 到 Login 活动之间添加了一条带箭头的实线及转移,如图 7.27 所示。

　　(4) 在 WebSite 泳道内添加 Validate 活动,并在 Login 与 Validate 之间添加转移 Validate,双击该转移,在弹出的对话框中选择 Detail 选项卡,在 Guard Condition 栏中输入转移条件[UID,PWD],如图 7.28 所示。

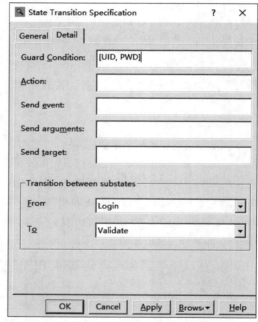

图 7.27　添加活动图的转移　　　　　图 7.28　添加转移条件

　　(5) 在 WebSite 泳道内再添加两个活动 Validate 和 Not Validate,并创建 Validate 活动与这两个活动之间的转移,同时设置这两个转移的条件。在 Teacher 泳道内添加 Display Login Exception 活动,并创建与 Not Validate 活动之间的转移,如图 7.29 所示。

　　(6) 参照上述操作步骤,就可以完成图 7.23 所示的活动图。

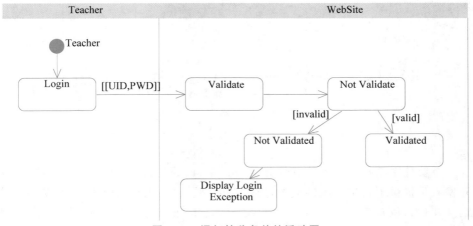

图 7.29　添加转移条件的活动图

7.3　本章小结

　　活动图包含活动状态,即过程中命令的执行或工作流程中活动的进行。当活动完成后,执行流程转入活动图中的下一个活动状态。当一个活动的前导活动完成时,将激发活动图中的完成转移。活动状态通常不明确表示引起活动转移的事件,当转换出现闭包循环时,活动状态将会异常终止。

　　活动图也可以包含动作状态,它们源自活动且当它们处于活动状态时不允许发生转移。活动图可以包含并发线程的分岔控制。并发线程表示能被系统中的不同对象和人并发执行的活动,并发通常源于聚集。在聚集关系中,每个对象都有自己的线程,这些线程可以并发执行。并发活动可以同时执行,也可以顺序执行。活动图不仅能够表达顺序流程控制,还能够表达并发流程控制。在活动图中,用连接活动和对象流状态的关系流表示活动所需的输入/输出参数。

　　活动图是基于类图或用例图的,即活动图依存于类图或用例图,活动图单独存在是没有意义的。在活动图中,一个活动序列总要达到某一点,并在这一点做出判断。一组条件引发一条执行路径,另一组条件引发另一条执行路径,这两条执行路径是相互排斥的。可以用两种方式表示判断点:一种方式是从一个活动直接引出可能的路径;另一种方式是将活动的转移引至一个小菱形。无论使用哪一种方式,都必须在相关路径附近指明引起这条路径执行的条件,条件表达式要用方括号括起来。

第8章　UML 组件图和部署图

　　系统体系结构是对系统各部分(结构、接口、通信机制等)的框架性描述,为开发人员提供了目标系统的视图,通过它可以了解系统是如何构造的、某一功能定义在什么位置等。在 UML 中,系统体系结构可以分为逻辑体系结构和物理体系结构;前者通过描述系统的功能需求指定系统的功能特点,后者则描述系统的非功能部分(可靠性、兼容性、资源使用和系统分布)。由于物理体系结构关注的是实现,所以可以用组件图和部署图建模。组件图(Component Diagram)和部署图(Deployment Diagram)用于显示系统实现时的一些特性,包括源代码的静态结构和运行时刻的实现结构。组件图显示代码本身的结构,部署图显示运行时刻的结构。

　　介绍这两个图之后,所有的 UML 图就都介绍完了。但是,如果要在软件开发过程中成功地使用 UML,那么一个科学的软件开发过程是非常必要的。

8.1　逻辑体系结构与物理体系结构

1. 逻辑体系结构
　　逻辑体系结构用来处理系统的功能,将功能分配到系统的各个部分,并详细说明它们是如何工作的。逻辑体系结构主要用于解决以下问题。
- 系统提供什么样的功能?
- 系统中存在哪些类? 这些类之间存在什么样的关联关系?
- 类和对象是如何协作完成系统功能的?
- 系统中各方法上的时间约束是什么?

　　在 UML 中,可以用用例图、类图、状态图、活动图、交互图描述系统的逻辑体系结构。

2. 物理体系结构
　　物理体系结构描述系统的硬件结构,包括不同的结点以及各个结点之间是如何连接的,实现逻辑体系结构中定义的概念的代码模块的物理结构和相关性,软件运行时线程、程序和其他组件的分布。物理体系结构主要用于解决以下问题。

- 类和对象在物理上分布在哪一个程序或线程上?
- 程序和线程在哪一台计算机上运行?
- 不同的代码文件之间如何关联? 系统中有哪些计算机设备? 如何连接?

物理体系结构描述了软硬件的分解,将逻辑体系结构映射到物理体系结构,逻辑体系结构中的类和关联被映射到物理体系结构中的组件、线程和计算机。反之亦然,跟踪物理体系结构中程序或组件的描述也可以找到它在逻辑体系结构中的设计。由于物理体系结构关注的是实现,因此可以用 UML 组件图和部署图进行建模。

8.2　组件图

8.2.1　组件图的概念

组件是逻辑体系结构中定义的概念和功能(类、对象以及它们之间的关系和协作)在物理体系结构中的实现。组件图用来显示一组组件以及它们之间的相互关系(编译、链接、执行时组件之间的依赖关系)。组件的图形表示方法为带有两个标签的矩形,如图 8.1 所示。

图 8.1　组件的图形表示方法

组件图为系统的组件建模,还包括各个组件之间的依赖关系,以便通过这些依赖关系评价对系统组件的修改可能会给系统带来的影响。组件是定义了良好接口的物理实现单元,是系统中可替换的部分。每个组件都体现了系统设计中特定类的实现。

8.2.2　组件的类型

一般地,组件就是实际开发环境中的实现文件。组件可以是以下的任何一种类型。

- 部署组件(Deployment Component)——是构成一个可执行系统必要和充分的组件。例如,EXE 文件、DLL 文件、COM 对象、企业级 Java

Bean、动态 Web 网页、数据库表等。

- 工作产品组件(Work Product Component)——是系统开发过程中的产物,包括创建实施组件的源代码文件、数据文件等。这些组件并不直接参加可执行系统,而是系统开发过程中的工作产品,用来产生可执行系统。

- 可执行组件(Execution Component)——是作为一个正在执行的系统的结果而被创建的。可执行组件就是一个可执行文件,它是链接(动态或静态)所有二进制组件得到的结果。一个可执行组件代表计算机上运行的可执行单元。例如,由 DLL 实例化形成的 COM+对象等。

组件图描述如何把软件的逻辑模型映射为运行实体。逻辑上,软件系统由一系列类组成,但是运行系统由文件、链接库、部署描述文件等运行实体组成。那么,在哪一个文件中保存哪一些类或资源这些映射的描述就由组件图负责。无论是上面的哪一种形式,组件都是逻辑模型的一种封装形式,这种封装形式可以包含一个类,也可以包含多个类,还可以仅包含资源。组件和类的区别如下。

- 类是逻辑抽象,组件是物理抽象。
- 类可以拥有属性和操作,组件仅拥有只能通过其接口访问的操作。
- 组件是对类、协作等逻辑元素的物理实现。

8.2.3　组件图建模

组件图可以对以下两方面进行建模。

- 对源代码文件之间的相互关系建模。组件图中,组件之间的依赖关系用带有箭头的虚线表示,箭头指向提供服务的元素,如图 8.2 所示。

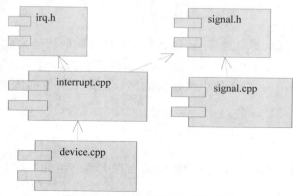

图 8.2　组件图用于对源代码建模

- 对可执行文件之间的相互关系建模。表示某选课系统的部分类文件之间的相互依赖关系,如图 8.3 所示。

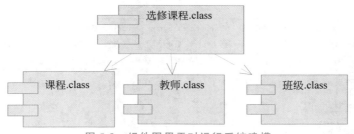

图 8.3　组件图用于对运行系统建模

8.2.4　基于 Rose 建模组件图

在 Rose 中,组件图的基本建模图形符号如图 8.4 所示。

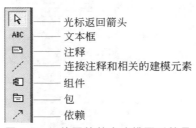

图 8.4　组件图的基本建模图形符号

下面以图 8.3 所示的组件图为例,介绍在 Rose 建模环境下创建组件图的方法和步骤。

(1) 在浏览窗口中选择 Component View 选项,双击 Main 图标,得到图 8.5 所示的界面。

(2) 在图标栏上单击 Component 图标,在组件图窗口中创建一个新的组件 NewComponent。单击该组件,在弹出的上下文菜单中选择 Open Specification 选项,则将弹出图 8.6 所示的对话框。在该对话框中可以修改组件的名称、设置组件的类型、指定实现的语言。这里指定该组件的名称为"选修课程",组件版型为 Main Program,实现语言为 Java。

(3) 在组件图窗口中分别创建"课程""教师""班级"3 个组件,如图 8.7 所示。

(4) 创建组件之间的依赖关系。在图标栏上单击 Dependency 图标,创建这 3 个组件之间的依赖关系,如图 8.8 所示。

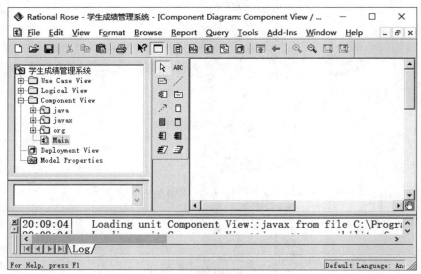

图 8.5 　组件图操作界面

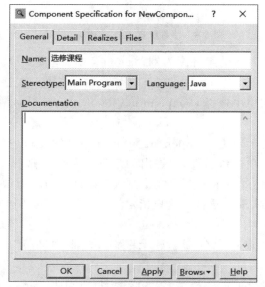

图 8.6 　Component Specification for New Component 对话框

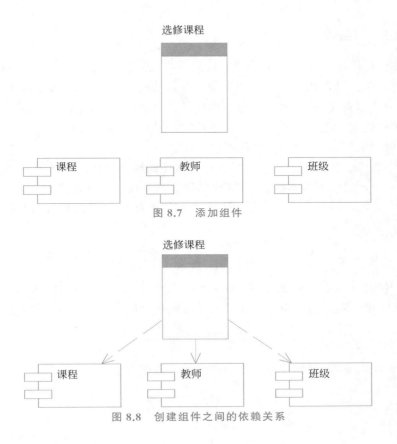

图 8.7　添加组件

图 8.8　创建组件之间的依赖关系

8.3　部署图

部署图(Deployment Diagram)也称配置图、实施图,用来显示系统中计算结点的拓扑结构和通信线路上运行的软件组件,即部署图描述了对象、组件、处理过程是如何分布并运行在实际的计算结点上的。

在这个拓扑结构上,代码单元显现运行时刻的外观——组件的形式。通过这个拓扑结构可以了解哪一个组件在哪一个计算结点上运行,哪些逻辑元素(类、对象、协作等)在该组件中实现,并最终可以追踪这些元素在需求分析说明(用例图中的脚本描述)中的位置。

一个系统模型只有一个部署图,部署图通常用于帮助用户理解分布式系统。部署图由软件系统的体系结构设计师、网络工程师、系统工程师等描述。

8.3.1 结点

结点(Node)是表示计算资源运行时的物理元素,结点一般都具有内存和处理能力。结点可以代表一个物理设备以及运行在该设备上的软件系统,例如计算机、应用服务器、打印机等。结点也可以包含对象和组件实例。结点之间的连线表示系统之间进行交互的通信路径,称为链接(Connection)。

部署图中的结点有以下两种类型。

- 处理机(Processor)——指可执行程序的硬件组件。在部署图中,可以说明处理机中有哪些进程、进程的优先级与进程调度方式等。
- 设备(Device)——指没有计算能力的硬件组件,例如调制解调器、终端显示器等。

8.3.2 连接

连接表示两个硬件之间的关联关系。与类之间的关联一样,可以在连接两端添加角色、多重性、约束等。比较常见的连接有以太网连接、串行口连接等。

8.3.3 基于 Rose 建模部署图

在 Rose 中,部署图的基本建模图形符号如图 8.9 所示。

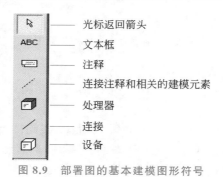

图 8.9 部署图的基本建模图形符号

下面以学生成绩管理系统为例,介绍在 Rose 建模环境下创建部署图的方法和步骤。

(1) 双击浏览窗口中的 Deployment View,弹出图 8.10 所示的部署图窗口。

(2) 在图标栏上单击 Processor 图标,将光标移到部署图窗口中并单击,创建一个处理器,将其改名为 ClientPC,如图 8.11 所示。

(3) 在图标栏上单击 Device 图标,将光标移到部署图窗口中并单击,创建一个交换机设备,将其改名为 Intel 100M Switch,再分别添加 Linux Web

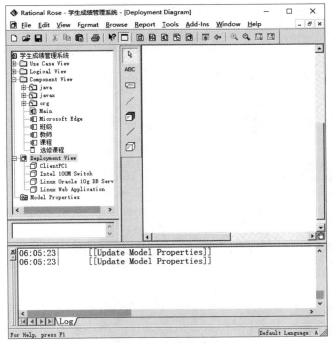

图 8.10　部署图窗口

图 8.11　添加处理器

Application 和 Linux Oracle 10g DB Server 这两个处理器，如图 8.12 所示。

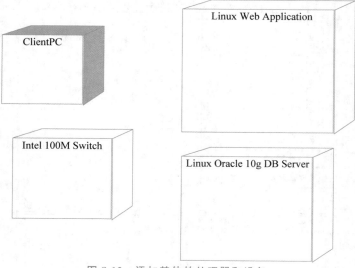

图 8.12   添加其他的处理器和设备

（4）在图标栏上单击 Connection 图标，在 ClientPC 与 Intel 100M Switch 之间创建一个连接 HTTP，再创建 Intel 100M Switch 与 Linux Web Application 和 Linux Oracle 10g DB Server 之间的连接 TCP/IP，即可完成整个部署图的设计，如图 8.13 所示。

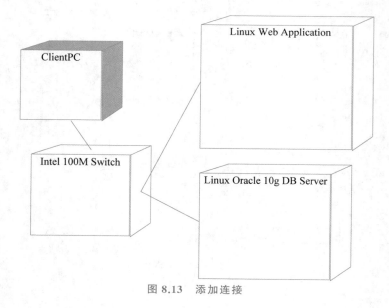

图 8.13   添加连接

8.4　本章小结

　　组件图的主要作用是显示组件之间的依赖关系，以保证部署的正确执行。组件的设计与平台密切相关。Windows 操作平台的组件是 COM、COM＋，也可以使用动态链接库 DLL。而在 Java 平台下，一个 Java 类就可以成为一个 JavaBean 组件。

　　部署图可以显示系统中计算结点的拓扑结构和通信特征，以及结点上运行的软件组件等。部署图在帮助用户理解复杂系统的物理结构时非常有益。

Chapter 9
第9章

Rose 双向工程

Rose 双向工程提供了一种描述系统的架构(或设计)和代码模型进行双向交换的机制。Rose 正向工程把设计模型转换为代码框架,开发者不需要编写类、属性以及方法的代码。一般地,开发人员将系统设计细化到一定的级别,然后就可以应用 Rose 正向工程。Rose 逆向工程是指把代码转换成设计模型。在迭代开发周期中,一旦某个模型作为迭代的一部分被修改,就可以考虑采用 Rose 正向工程把新的类、方法、属性加入代码;同时,一旦某些代码被修改,就可以采用 Rose 逆向工程将修改后的代码转换为设计模型。无论是把设计模型转换为代码还是把代码转换为设计模型,都是一项非常复杂的工作。Rose 把正向工程和逆向工程相结合,定义了双向工程。

9.1 Rose 正向工程

Rose 正向工程是指把 Rose 模型中的一个或多个类图转换为 Java 源代码的过程。注意:Rose 正向工程是以组件为单位的。
- Java 源代码的生成以组件为单位,不以类为单位。所以,创建一个类后需要把它分配给一个有效的 Java 组件。
- 如果模型的默认语言是 Java,则 Rose 会自动为这个类创建一个组件。

当对一个设计模型元素进行正向工程时,模型元素的特征会映射成 Java 语言的框架结构。
- Rose 中的类会通过它的组件生成一个.java 文件。
- Rose 中的包会生成一个 java 包。当一个 UML 包进行正向工程时,将把属于该包的每个组件都生成一个.java 文件。

9.2 参数设置

Rose 能够使代码与 UML 模型保持一致,每次创建或修改模型中的 UML 元素,Rose 都会自动进行代码生成。在默认情况下,这个功能是关闭的,可以在

Rose 中通过 Tools → Java → Project Specification → Code Generation → Automatic Synchronization 进行设置,如图 9.1 所示。

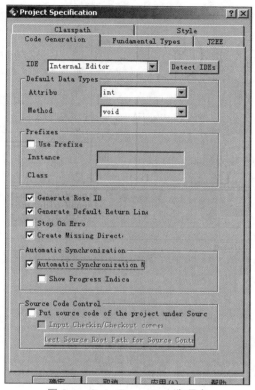

图 9.1　Code Generation 选项卡

- IDE——指定与 Rose 关联的 Java 开发环境,默认的 IDE 是 Rose 内部编辑器,使用 Sun 公司的 JDK。
- Default Data Types——用来设置默认的数据类型,当创建新的属性和方法时,Rose 就会使用这个数据类型。在默认情况下,属性的数据类型是 int,方法返回值的数据类型是 void。
- Prefixes——设定默认前缀(如果有),Rose 会在创建实例和类变量时使用这个前缀。默认不使用前缀。
- Generate Rose ID——设定 Rose 是否在代码中为每个方法都添加唯一的标识符。Rose 使用这个 RoseID 识别代码中名称被改动的方法。
- Generate Rose ID——在代码中为每个方法都添加一个唯一的标识符;例如以下 Java 代码片段。

```
public class HelloWorld {
  public HelloWorld( )  {  }
    /**
    @roseuid 366663B30045
    */
    public static void main(String args) {  }
}
```

- Generate Default Return Line——设定 Rose 是否在每个类声明后面都生成一个返回行。默认情况下,Rose 将生成返回行。
- Stop on Error——在生成代码时,是否在遇到第一个错误时就停止。在默认情况下,这个功能是关闭的,因此即使遇到错误,也会继续生成代码。
- Create Missing Directories——如果在 Rose 模型中引用了包,则指定是否生成没有定义的目录。默认情况下,这个功能是开启的。
- Automatic Synchronization Mode——当启用此选项时,Rose 会自动保持代码与模型的同步,反过来也一样。默认情况下不开启这个功能。
- Input Check in/Check out comment——指定用户是否需要对检入/检出代码的活动进行说明。
- Select Source Root Path for Source Control——选择存放生成的代码文件的路径。

9.3 Rose 正向工程的实现

1. 将 Java 类加入模型的 Java 组件

Rose 会将.java 文件与模型中的组件联系起来。Rose 要求模型中的每个 Java 类都必须属于组件视图中的某个 Java 组件。当启动代码生成时,可以让 Rose 自动创建组件。Rose 会为每个类都生成一个.java 文件和一个组件,但必须将模型的默认语言设置为 Java,可以通过 Tools→Options→Notation→Default Language 进行设置,如图 9.2 所示。

也可以自己创建组件,然后显式地将类添加到组件视图。这样做可以将多个类生成的代码放在一个.java 文件中。

- 创建组件图,添加一个组件。
- 使用浏览器将类添加到组件。

先在浏览器中选择一个类,然后将该类拖曳到适当的组件上,这样就会在该类名字后面列出其所在组件的名字,如图 9.3 所示。

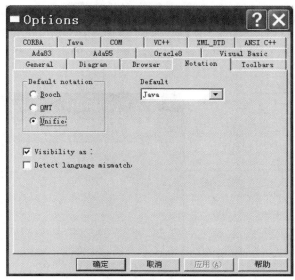

图 9.2　设置模型的默认语言

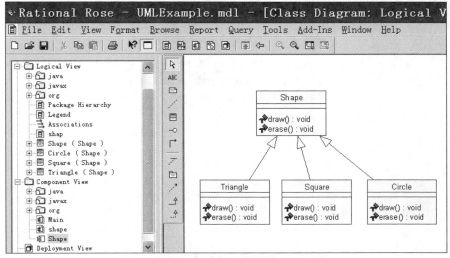

图 9.3　将 Java 类加入模型的 Java 组件

2. 语法检查

打开组件图,选择包含 Java 类的组件;使用 Tools→Java/J2EE→Syntax Check 命令对其进行语法检查。查看 Rose 日志窗口,如果没有语法错误,则可以生成 Java 代码。

3. 设置 CLASSPATH

在 Rose 中,执行 Tools→Java/J2EE→Project Specification 命令,如图 9.4 所示,则将显示图 9.5 所示的设置窗口,设置 JDK 的类库以及存放生成的 Java 源文件。

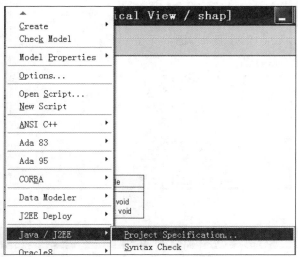

图 9.4   执行 Project Specification 命令

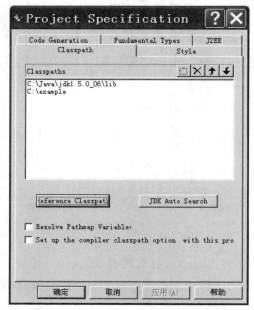

图 9.5   Project Specification 命令设置

4. 设置 Code Generation 参数

设置图 9.1 所示的参数窗口中的各个参数。

5. 生成 Java 代码

选择至少一个类或组件,然后执行 Tools→Java/J2EE→Generate 命令。如果是第一次使用该模型生成代码,则会弹出一个映射对话框,如图 9.6 所示,它允许将包和组件映射到 CLASSPATH 设置的文件夹中。

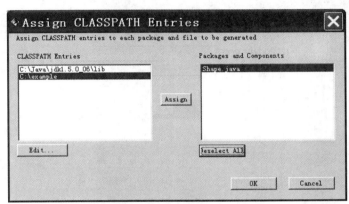

图 9.6　映射对话框

单击图 9.6 中的 OK 按钮,即可生成如下 Java 源代码。

```
//Source file: C:\\example\\Shape.java
/** 定义 Shape 类
 * /
class Shape {
  /**  @roseuid 45581BF302EE
   * /
  void draw( ) {   }
  /** @roseuid 45581BF302FD
   * /
  void erase( ) {   }
}
/** 定义 Circle 类
 * /
class Circle extends Shape {
  /**  @roseuid 45581BF3031D
   * /
  void draw( ) {   }
  /**  @roseuid 45581BF3031E
```

```
      */
    void erase() {  }
/** 定义 Square 类
*/
class Square extends Shape {
   /**  @roseuid 45581BF3033D
    */
    void draw() {   }
    /** @roseuid 45581BF3034B
    */
    void erase() {   }
}
/** 定义 Triangle 类
 */
class Triangle extends Shape {
   /**  @roseuid 45581BF3036C
    */
    void draw() {    }
    /**  @roseuid 45581BF3037A
    */
    void erase() {   }
}
```

9.4   Rose 逆向工程的实现

Rose 逆向工程是分析 Java 代码,然后将其转换为 Rose 模型的类和组件的过程。Rose 允许在 Java 源文件(.java 文件)、Java 字节码(.class 文件)以及一些打包文件(.zip、.jar 文件)中进行逆向工程。Rose 逆向工程的过程如下。

(1)设置或检查 CLASSPATH 环境变量。Rose 要求将 CLASSPATH 环境变量设置为 JDK 的类库:

```
C:\Java\jdk1.5.0_06\lib
```

(2)启动逆向工程。单击将要进行逆向工程的类,在弹出的上下文菜单中执行 Reverse Engineer 命令执行逆向工程命令,如图 9.7 所示。

执行上述命令后,将显示将要进行的逆向工程 Java 源文件,如图 9.8 所示。单击 Reverse 按钮将执行逆向工程,执行完成后,在 Rose 浏览器中将生成对应的类图,如图 9.9 所示。

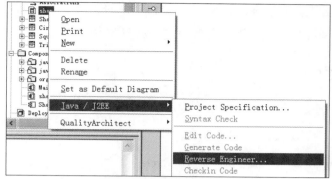

图 9.7　执行逆向工程命令

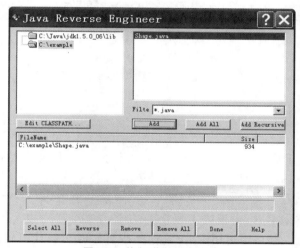

图 9.8　执行逆向工程命令

图 9.9　在 Rose 浏览器中生成对应的类图

（3）创建和修改类图。将 Rose 浏览窗口中的相应类拖曳到绘图窗口，各个类之间的继承关系将自动显示出来，如图 9.10 所示。

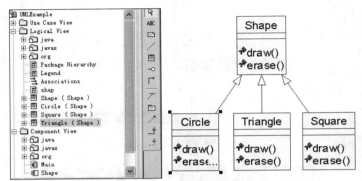

图 9.10　将生成的类拖曳到绘图窗口

（4）浏览和扩展源文件。正确进行上述操作后，在保存 Java 源代码文件的文件夹中就可以根据实际开发要求浏览和扩展 Java 源代码了。

9.5　本章小结

Rose 双向工程包括正向工程与逆向工程。正向工程是从 UML 模型到具体语言代码的过程，逆向工程是在软件开发环境中由具体的程序设计语言到 UML 模型的过程。在迭代开发周期中，一旦某个模型作为迭代的一部分被修改，就可以考虑采用 Rose 正向工程把新的类、方法、属性加入代码；同时，一旦某些代码被修改，就可以采用 Rose 逆向工程将修改后的代码转换为设计模型。无论是把设计模型转换成代码还是把代码转换为设计模型，都是一项非常复杂的工作。Rose 把正向工程和逆向工程相结合，定义了双向工程。

第10章

Web 建模

随着 Internet 的快速发展,基于 Web 的应用越来越多。一方面是因为开发 Web 应用的工具与技术快速发展,而更主要的原因是 Web 应用与传统应用相比具有更大的技术优势。所以,建模对于 Web 应用的开发也非常重要。本章将根据 Web 应用的特点讨论 Web 建模的基本概念、Web 应用的体系结构、Web 建模的扩展机制以及 Web 建模示例等相关内容。

10.1 概述

Web 技术的发展使得管理系统的开发更加方便,功能也更加强大,其中, Web 技术起到了骨架式的支持作用。与此同时,组件技术的发展为 Web 应用的开放性和集成性提供了更为便利的条件,有效合理地引入组件技术是当前 Web 应用开发与发展的一个方向。通过对 Web 应用的建模可以直观、形象地将开发过程图形化地表示,也可以显示其流程与功能。

Web 应用中的很多概念在一般应用中是没有的,例如 HTTP、HTML、表单、网页、会话等。对于基于 Web 的应用,客户直接面对的是客户端浏览器,而浏览器是运行在客户机上的应用,用来与网络上的服务器连接并请求获取信息页面。浏览器通过 HTTP 与 Web 服务器通信,承担显示服务器返回格式化信息。一般的网页还含有其他网页的链接,这样用户就可以通过这些链接从 Web 服务器请求获取新的网页。

Web 应用的特点之一在于它的部署。部署 Web 应用通常是指创建网络的服务器组件,而客户端并不需要特别的软件或配置。Web 应用的基本通信协议是 HTTP,它是一个无连接的协议,不是为最大的通信吞吐量而设计的,而是为强壮性和容错性设计的。在 Web 应用中,客户机与服务器的通信围绕 Web 页面导航进行,而不是在服务器端和客户端对象之间直接通信。在一定的抽象程度上,Web 应用中的所有信息的传递都可以描述为 Web 页面实体的请求与接收。

1. 客户端

客户端的主要作用是将 Web 应用产生的信息显示给用户。用户使用 Internet 技术标准(HTTP、TCP/IP、HTML、XML)与 Web 服务器通信以存取业务逻辑和数据。客户端的基本功能是接收并验证用户输入,显示从 Web 服务器到用户的返回结果。用户可以是 Internet、Intranet 和 Extranet(外部网)中的用户。Web 应用编程模型的基本准则是 Web 应用的业务逻辑总是在服务器端运行,而不是在客户端运行。网页中包括客户端脚本,它们由浏览器解释和执行。这些脚本为显示的网页定义了其他动态行为,而且它们经常与浏览器、网页内容和网页中包含的其他控件(ActiveX 控件以及插件)交互。用户查看网页中的内容并与其交互,有时,用户在网页的字段元素中输入信息并提交给服务器处理,还可以通过超文本链接导航到其他网页。无论是哪一种情形,用户都在为系统提供输入,这样就可能改变系统的"业务状态"。

2. 服务器端

服务器端为 Web 应用的业务逻辑提供了一个运行环境,包括 HTTP 服务器和企业应用服务,并支持分布式网络环境下应用软件的快速开发和部署,它为 Web 应用提供了编程、数据存取和应用集成等服务。应用软件在服务器中运行,这些服务器端的组件通过 HTTP 与客户和其他组件通信,并利用网络基础架构提供的目录和安全服务。这些组件还可以利用数据库、事务处理和群件等设施。

由于客户机和服务器之间的连接是无状态的,所以如果需要存储状态信息,就可以使用会话(或 Cookies)对象,并在模型图中表示。Web 应用中的一个主要元素是 Web 页面,Web 页面包括 HTML 页面、JSP 动态生成的页面、Servlet 生成的页面等。Web 建模时,Web 页面作为对象进行处理。Web 应用与传统的分布式应用的主要区别如下。

① 在连接的持久性方面——在 Web 应用中,客户机通过浏览器与服务器创建连接,两者之间的连接是暂时的,一旦一次会话结束,则客户机与服务器就将断开连接,下一次的连接与此无关。而传统的分布式应用,两者之间的连接具有持久性,除非用户断开连接,否则该连接将一直存在。

② 客户机的形式——在 Web 应用中,客户机的种类是多样的,可以是不同种类的浏览器,可以运行在不同的操作系统上,与服务器的连接有快有慢,客户机的处理器和内存配置等也不尽统一。而对于传统的分布式应用,可以事先要求客户机具有统一的形式。

10.2　Web 应用的体系结构

Web 建模的关键是把对象正确地划分到客户端或服务器端,同时对构建 Web 页面的元素进行建模。在 Web 应用中,由于某个功能既可以在服务器端实现,也可以在客户端实现,所以需要开发人员视具体情形做出明智的抉择。Web 应用的体系结构模式描述了软件系统的基本结构组织机制,一般地,可以分为两种模式——瘦 Web 客户端模式和胖 Web 客户端模式。

1. 瘦 Web 客户端模式

瘦 Web 客户端模式适用于基于 Internet 的 Web 应用或客户端计算能力有限或对客户端配置没有控制的环境。在执行客户端浏览器的网页请求过程中,所有的业务逻辑都在服务器上运行。

1) 客户端浏览器

浏览器充当一个通用的用户接口设备,当浏览器用在瘦 Web 客户端模式时,它提供了 Cookies 的功能。用户与系统的所有交互都是通过浏览器进行的。

2) Web 服务器

Web 服务器接收网页请求,它可能启动某个服务器端的处理。如果是请求服务器脚本页面,则将启动脚本解释器或可执行模块进行处理。

3) 应用服务器

应用服务器是执行服务器端的业务逻辑的主要引擎,负责执行服务器页面上的代码,可以和 Web 服务器位于同一个机器上,甚至可以与 Web 服务器在同一个进程空间中执行。

图 10.1 描述了瘦 Web 客户端模式的结构。其中,除了上述两个服务器外,还包括 HTTP、HTML 静态网页以及动态服务器网页。该模式的主要组件位于服务器。客户端通过 HTTP 从 Web 服务器请求网页以使用该网页,并将它发送回请求该网页的客户端。如果请求的网页是脚本化的,Web 服务器将委托应用服务器进行处理,它将解释网页中的脚本并与服务器端的资源(如数据库)进行交互。通过应用程序和 Web 服务器,脚本化的代码可以访问伴随网页请求的特殊信息,该信息包括由用户输入的表域值以及附加在网页请求上的参数。最终结果是生成发送给客户端的格式化的 HTML 页面。

这种结构模式的特点是只有在处理网页请求的过程中才调用业务逻辑。一旦请求完成,结果将被发送回客户端,两者之间的连接就会终止。该模式适用于服务器既能在用户接受的响应时间内,又能在客户端浏览器允许的超时时间范围内完成的应用程序。由于浏览器充当用户界面的容器,所有用户界面的窗口

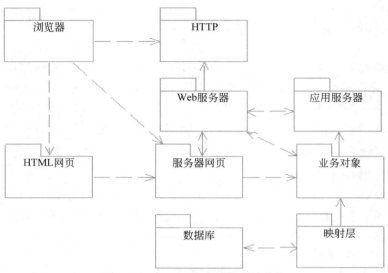

图 10.1   瘦 Web 客户端模式的结构

部件和控件都必须可以通过浏览器获取。

2. 胖 Web 客户端模式

胖 Web 客户端模式的客户端可以执行一些业务逻辑,所以它不仅仅是一个通用的用户接口的容器。该模式最适用于 Web 应用——可以规定特定的客户端配置和浏览器,或要求复杂的用户接口的,或可在客户端执行一定数量的业务逻辑的 Web 应用。之所以用胖 Web 客户端是为了增强用户接口性能和在客户端执行业务逻辑的功能。

胖 Web 客户端模式的客户端与服务器的通信通过 HTTP 进行,并引进了客户端脚本、XML 文档、ActiveX 控件、JavaBean 等。由于胖 Web 客户端模式的部分业务逻辑可以在客户端上执行,发送到客户端浏览器的页面可能含有脚本、控件等,所以它可以增强用户界面或完成部分业务逻辑。

3. MVC 设计模式

MVC 设计模式最初是为了编写独立的 GUI 应用程序而开发出来的,现在已经在各种面向对象的 GUI 应用程序设计中被广泛使用,包括 Java EE 应用程序设计。一个体系结构设计良好的 Java EE 应用程序应遵从文档完善的 MVC 设计模式。对于用户界面设计的可变性需求的状态,MVC 设计模式把软件交互系统的组成分解成模型、视图、控制器 3 个组件。

• 模型是应用程序使用的对象的完整表示。例如,一个电子表格、一个数据库等。模型是自包含的,即它的表示与程序的其他部分是独立的。模型提供了一些操作方法,外界通过这些方法使用模型实现的对象。模型包含应用程序的核心数据、逻辑关系和计算功能。封装了应用程序需要的数据,提供了完成问题处理的操作过程,从而使得模型独立于具体的界面表达和输入/输出操作。

- 视图表示模型的数据、数据间的逻辑关系以及状态信息,并以特定形式展示给用户,它从模型中获得显示信息,对相同的信息可以有来自模型的数据值,并用它们更新显示。每个视图通过一个控制器对象与它的用户界面连接,可能包括命令按钮、鼠标处理等。当控制器接收一个用户命令时,它使用与之相关的视图提供的适当信息修改模型。当模型改变时,它会通知所有的视图,然后视图进行自身更新。

- 控制器处理用户与应用程序的交互操作,它的职责是控制模型中任何变化的传播,确保用户界面与模型之间的对应关系。控制器用来接收用户的输入,并将输入反馈给模型,进而实现对模型的计算控制,是使模型和视图协调工作的组件。一个视图通常拥有一个控制器,用来接收来自鼠标或键盘的事件,把它们转换为对模型或视图的服务请求,并把任何模型的变化信息反馈给视图。

图 10.2 所示为 MVC 设计模式的体系结构。

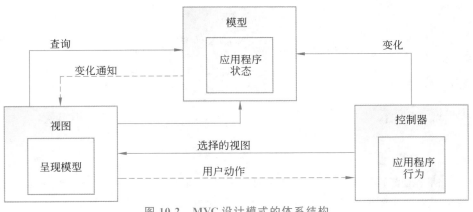

图 10.2　MVC 设计模式的体系结构

模型、视图与控制器的分离使得一个模型可以拥有多个显示视图。如果用户通过某个视图的控制器改变了模型数据,所有依赖于这些数据的视图都会反映这些变化。因此,对于模型来说,无论何时发生了何种数据变化,控制器都会将这些变化通知给所有的视图,并导致显示的更新。MVC 体系结构被认为是几乎所有应用程序设计的基础,这主要体现在建立于其上的组件的重用几乎没有什么限制。

10.3　Web 应用建模

　　Web 建模需要考虑两方面的问题,一是如何表示 Web 应用的体系结构,二是如何表示 Web 应用中的一些特有概念——页面、脚本、表单以及框架。在对 Web 应用建模时,需要用到 UML 的扩展机制对 UML 的建模元素进行扩展,主要是在类和关联上定义一些构造型以解决 Web 应用建模的问题。

10.3.1　页面建模

　　用户使用 Web 应用是通过页面进行的。在页面建模中,可以用两个构造型 <<Client Page>>和<<Server Page>>分别表示客户端页面和服务器端页面。客户端页面的属性是页面的作用域中定义的变量,方法是页面脚本中的函数;服务器页面的属性是页面脚本中的变量,方法是脚本中定义的函数。在使用页面信息传递时,还可能出现服务器页面的重定向,在 UML 建模中用构造型 <<redirect>>表示;对于客户端页面和服务器页面的构造关联,用构造型 <<build>>表示,这种关联是单向关联,由服务器页面指向客户端页面,如图 10.3 所示。

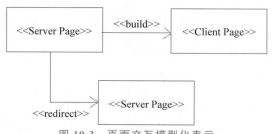

图 10.3　页面交互模型化表示

　　使用这些构造型可以简化对页面脚本和关系的建模。<<Server Page>>类的操作变为页面服务端脚本的函数,其属性变为页面范围变量。<<Client Page>>类的操作和属性也同样变为在客户机上可见的函数和变量。将服务器端页面和客户端页面作为不同的类考虑,就非常容易明确页面与系统其他类之间的关系。客户端资源有 DOM、Java Applet、ActiveX 控件和插件等,客户机页面可以根据它们与客户端资源的关系进行建模。服务器端资源有中间层组件、数据库存取组件、服务器 OS 等,服务器页面同样可以根据它们与服务器端资源的关系进行建模。

1. 服务器页面

服务器页面是指能够访问服务器资源的对象，例如 JSP 页面、ASP 页面等。服务器页面可以用于创建动态 Web 页面，并以 HTML 页面的格式发送到客户端显示。在 Web 应用中区分服务器页面和客户机页面，可以把 Web 应用中的表示逻辑与业务逻辑分开。图 10.4 所示为 Rose 中服务器页面的表示形式。

2. 客户机页面

客户机页面是在客户机上运行的 HTML 格式的页面。这些页面通常用于数据的表示，不包括太多的业务逻辑，客户机页面并不直接访问服务器上的业务对象。客户机页面在 Rose 中的表示形式如图 10.5 所示。

Server Page
图 10.4　服务器页面的表示形式

Client Page
图 10.5　客户机页面的表示形式

在生成代码框架时，客户机页面生成以 HTML 为后缀名的文件，也可以在 Rose 中设置要生成的文件名。

3. <<builder>>关联

<<builder>>的单向关联表示服务器页面和客户机页面之间的关系。图 10.6 所示是<<builder>>关联的表示形式。注意：一个服务器页面可以创建多个客户机页面，但是一个客户机页面只能由一个服务器页面创建。以下是由图 10.6 生成的代码示例。

<<builder>>
ServerPage
ClientPage
displayInfo()
图 10.6　<<builder>>关联的表示形式

```
<%!
    private String displayInfo( )  {       }
%>
```

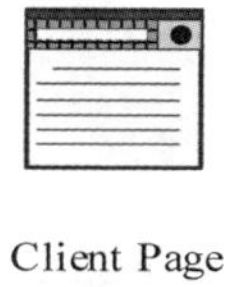

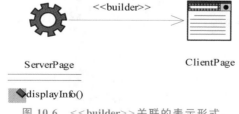

在图 10.6 中，ServerPage 与 ClientPage 是两个类，但是由于 ClientPage 是由 ServerPage 在运行时动态生成的，所以最后生成代码时只有 ServerPage 才有对应的代码。其中，方法 display_Info( )是 JSP 的方法声明。

4. <<link>>关联

<<link>>关联用来描述两个客户机页面之间或者从一个客户机页面到一个服务器页面的超文本链接，如图 10.7 所示。其中，HomePage 类生成的代码如下。

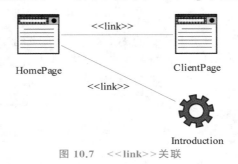

HomePage　　　　　　　　ClientPage

Introduction

图 10.7　<<link>>关联

```
<HTML>
    <BODY>
        <A HREF="Introduction.HTML"></A>
        <A HREF="ServerPage.jsp"></A>
    </BODY>
</HTML>
```

注意：<<link>>关联可以是双向的。图 10.7 所示的 HomePage 类和 Introduction 类之间就是双向关联的。如果查看 Introduction 类生成的源代码，可以看到代码中也包含到 HomePage 的链接。Rose 生成 Java 源代码时，可以在类的规范窗口中设置属性的值，即可根据设置生成对应的代码。

10.3.2　表单建模

1. 表单

用户的要求一般通过表单与数据库的交互实现。Web 页面的基本数据输入机制是表单，表单在 HTML 文档中用<FORM>标记定义。每个表单都将指明自身要提交到哪一页。使用表单的目的是从最终用户那里取得数据，表单中不包含操作（业务逻辑）。在 Rose 中，表单的表示形式如图 10.8 所示。

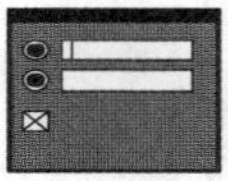

Form

图 10.8　Rose 中表单的表现形式

客户机页面与表单之间是聚合关系，一个客户机页面可以包含一个或多个表单。图 10.9 所示是一个客户机页面包含两个表单的示例。

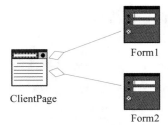

图 10.9　一个客户机页面包含两个表单

2. <<submit>>关联

<<submit>>关联是单向关联，用来描述表单与服务器页面之间的关系。图 10.10 所示为<<submit>>关联的示例。

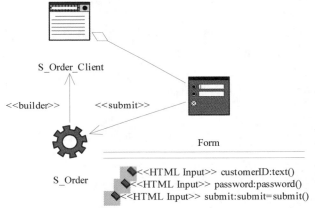

图 10.10　submit 关联的示例

在图 10.10 中，S_Order 是服务器页面，它可以是一个 JSP 页面，在运行时将生成 S_Order_Client 客户机页面。该客户机页面是一个 HTML 页面，其中包含一个 Form，用户通过这个 Form 输入数据，然后提交给服务器页面。在 Rose 中生成的只有一个 S_Order 对应的文件，如下所示。

```
<form Action="S_Orders.jsp" Name="Form">
    <input Name="submit" Type="submit" Value="submit">
    <input Name="password" Type="password">
    <input Name="customerID" Type="text">
```

```
</form>
```

10.3.3　Web 的其他构造型

1. 组件建模

UML 基本的图形化建模元素中设立了组件图。在使用过程中,组件分为客户端组件(如 Java Applet、ActiveX 组件)和服务器端组件。在 UML 模型化表示中,用构造型<<Client Component>>表示客户端组件,用构造型<<Server Component>>表示服务器端组件。

2. <<include>>关联

JSP 技术的一个重要特性是可以包含指令,例如 Include 指令、Forward 指令等。例如:

```
<jsp:include page="anotherFile.jsp"/>
```

构造型为<<include>>的单向关联用来描述服务器页面和客户机页面或两个服务器页面之间的关系,如图 10.11 所示。

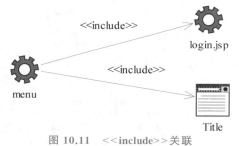

图 10.11　<<include>>关联

其中,menu 类生成的代码如下。

```
<jsp:include page="Title.HTML" />
<jsp:include page="login.jsp" />
```

3. <<Forward>>和<<Redirect>>关联

用构造型为<<Forward>>或<<Redirect>>的单向关联可以表示重定向的问题。对于 JSP 页面,可以用构造型<<Forward>>的单向关联表示控制从一个服务器页面转移到另一个服务器页面或客户机页面;图 10.12 是 JSP 使用<<Forward>>关联的示例。其中,Item.jsp 类产生的代码为

```
<jsp:forward page="ItemListing.jsp" />
```

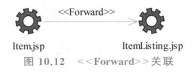

图 10.12　<<Forward>>关联

4. Session 和 JavaBean 建模

Rose 允许在 JSP 页面的规范说明中设置 Session 属性的值,表示是否要在 JSP 页面中使用 Session,这样在生成代码时就会在相应的 JSP 文件中生成 Page 指令以及 Session 和 JavaBean 的属性值。如果这个属性值是 false,则表示使用 Session,不过具体的 Session 值存放在一个专门的 Session 对象中。另外,在 JSP 页面中也可以使用 JavaBean。例如:

```
<jsp: UseBean class="bank.Checking" id="checking" scope="session" />
```

可以用构造型<<Use Bean>>的关联表示一个 JSP 页面要使用 JavaBean, 如图 10.13 所示,其含义为 Login.jsp 使用了 ValidateLoginBean 这个 JavaBean。

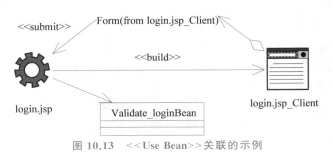

图 10.13　<<Use Bean>>关联的示例

10.4　本章小结

建模对于 Web 应用的开发是非常重要的。本章根据 Web 应用的特点探讨了 Web 建模的基本概念、Web 应用的体系结构、Web 建模的扩展机制以及 Web 建模示例等相关内容。

第 11 章　　RUP 软件开发过程

Rational 统一过程（Rational Unified Process，RUP）是一种软件开发方法。RUP 集成了大量的软件开发模型的优点，具有良好的可操作性和实用性，是目前非常有效的软件开发过程模型。RUP 避免了早期瀑布模型的缺点，采用迭代增量式开发、用例驱动和面向软件的体系结构，使得它在开发高风险、复杂、需求多变的大型软件系统中拥有明显的技术优势。本章将介绍 RUP 的基础知识。

11.1　RUP 概述

软件开发过程是指将用户的需求转化为软件系统所需的活动的集合。一般地，软件开发过程描述了什么人（Who）、什么时候（When）、做什么事（What）以及怎样实现（How）某一特定目标。可以把软件开发过程看作一个黑匣子，用户需求经过这个黑匣子之后，输出的是一个软件系统。软件开发过程也是软件，因为软件开发过程同样经历了需求捕获、分析、设计、实现和测试等活动。软件开发过程在开发出来后，也有将其交付使用、维护升级直至废弃的过程。其中，交付使用就是将软件过程付诸实施，用于指导软件项目的开发。

目前，有诸如瀑布式软件开发方法、快速原型法、螺旋式开发方法、个体软件开发过程、极限编程、RUP 软件开发过程、敏捷软件开发过程、微软软件开发过程等许多软件开发过程，每种软件开发过程都有其特点和适用范围，是对软件开发经验的总结。

11.1.1　RUP 发展史

RUP 是由 Rational 公司（现已被 IBM 公司收购）推出的一种软件开发过程产品。RUP 包含三方面的含义：Rational 表示 RUP 是 Rational 公司推出的产品，Unified 表示 RUP 是最佳开发经验的总结，Process 表示 RUP 是一个软件开发过程。由于 Rational 公司聚集了面向对象领域的 3 位杰出专家 Grady Booch、James Rumbaugh 和 Jvar Jacobson，他们同时是 UML 的创立者，所以该产品在业内具有较高的知名度。

RUP 已经经历了 30 多年的发展历程。从"Ericsson(爱立信)方法"(1967 年)开始,到"对象工厂过程"(1987—1995 年),再到"Rational 对象工厂过程"(1996—1997 年),直至最后的"Rational 统一过程"(1998 年)。RUP 的最初版本为 5.0,期间经历了 5.1、5.5 等版本,然后是 RUP 2000、2001、2002 等版本,目前最新版本是 RUP 2003。

11.1.2　什么是 RUP

RUP 白皮书中对 RUP 做了如下阐述。

- RUP 是一种软件工程过程,它提供了如何在开发团队中分配任务和职责的纪律化方法。它的目标是:在预先制订的时间计划和经费预算范围内开发出满足最终用户需求的高质量软件产品。
- RUP 是 Rational 公司开发并维护的一个过程产品,并将其与 Rational 公司的一系列软件工具集成。
- RUP 提高了开发团队的生产力。对于所有的关键开发活动,它为每个团队成员提供了能够使用的准则、模板、工具以指导访问的基础知识。无论是团队成员进行需求分析、设计、测试还是项目管理,通过对相同基础知识的理解能够确保全体成员共享相同的知识、过程和软件开发的视图。
- RUP 的活动创建和维护模型。统一过程强调用语义丰富的软件系统表达模型,而非强调大量的文本工作。
- RUP 使用 UML 制定软件系统的所有蓝图以进行思考和沟通。UML 是整个统一过程的一个有机部分,它们是共同发展起来的。
- RUP 是一个可配置的过程。RUP 既适用于小型的开发团队,也适用于大型的开发机构。RUP 建立了简洁、清晰和完整的过程结构,为不同规模的开发过程提供了通用性。
- RUP 以一种大多数项目和开发组织都能适应的形式捕获了很多现代软件开发的最佳实践,这些最佳实践给开发队伍提供了许多关键优势。

11.1.3　RUP 与最佳实践

RUP 描述了如何为软件开发团队有效地部署经过商业化验证的软件开发实践,这些实践称为"最佳实践"。为使整个团队有效地利用最佳实践,RUP 为每个成员提供了必要准则、模板和工具指导。这 6 个最佳实践分别是迭代式开发、需求管理、基于组件的体系结构、可视化建模、验证软件质量和控制软件变更。

1. 迭代式开发

面对当今越来越复杂的软件系统,很难按照定义、设计、实现、测试、部署等顺序线性地进行。在软件开发的早期阶段,如果想要全面、准确地捕获用户需求,几乎是不可能的。这就需要一种能够通过一系列细化、渐进的反复过程生成有效解决方案的迭代方法。迭代式开发允许用户需求在每次迭代过程中都有变化。通过不断地细化加深对问题的理解,也就更容易容纳需求的变更。迭代式开发通过可验证的方法减少风险,降低项目的风险系数。每个迭代过程的结束都会产生一个可执行版本,而最终用户经常不断地介入和反馈,就使得产生的可执行版本能够比较全面、准确地反映用户需求的变更。

2. 需求管理

对于一个软件系统来说,在系统开发之前是不可能全面、准确地说明一个系统的真正需求的。RUP 描述了如何提取、组织系统的功能和约束条件并将其文档化。RUP 采用用例分析的方法捕获需求,并由它们驱动设计、实现和测试。

3. 基于组件的体系结构

组件是实现功能清晰的模块和子系统。基于组件的开发是非常有效的软件开发方法,组件使重用变得可能,系统可以由已经存在的第三方开发商提供的组件组成。基于独立的、可替换的模块化组件的体系结构有助于实现管理系统的复杂性,提高组件的重用率。RUP 完全支持基于组件的软件开发,提供了使用新的以及现有的组件定义体系结构的系统化方法,使设计完成的软件体系结构具有弹性、适应性强、易于理解、有助于组件的重用。

4. 可视化建模

为软件系统建立可视化模型可以提高管理复杂软件的能力。RUP 可以指导用户有效地使用 UML 建模,从而使用户清楚地知道需要什么样的模型、为什么需要这样的模型以及如何创建这样的模型。RUP 2000 使用 UML 1.4 版本。

5. 验证软件质量

软件质量是影响软件正常使用的重要因素之一。在 RUP 中,软件质量的评估不再是在软件开发完成之后进行的活动,或者是单独小组进行的分离活动,而是内建于过程中的所有活动,这样就可以尽早地发现软件中存在的缺陷。

6. 控制软件变更

在迭代式软件开发过程中,不同的开发人员同时工作于多个迭代过程,其间将会产生不同版本的制品,并涉及很多并发的活动。如果没有严格的控制和协调方法,整个开发过程很快就会陷入混乱,RUP 描述了如何控制、跟踪和监控每个修改,以确保成功地进行迭代开发。RUP 通过控制软件开发过程中的制品隔离来自其他工作空间的变更,以此为每个开发人员建立安全的工作空间,保证了每个修改都是可以接受且能够跟踪的。

11.2　RUP 的核心术语

RUP 中定义了一些核心术语,它们对理解 RUP 很有帮助,这些术语如下。

- 角色(Worker,工作人员)——Who 的问题:角色用于描述某个人或协同工作小组的行为和职责。角色代表项目中个人承担的作用,并确定如何完成工作。RUP 预先定义了许多角色,例如分析人员、开发人员、实现人员、测试人员等,并对每个角色的工作和职责都做了详尽的说明。
- 活动(Activity)——How 的问题:活动是要求角色执行的工作单元。
- 制品(Artifacts,工件)——What 的问题:制品是一条信息,该信息由活动生成、创建或修改,并定义了该信息的职责范围和版本控制。在 RUP 中,制品包括模型、模型元素、文档、源代码、可执行文件等。角色在执行某个活动之前通常需要输入制品,活动结束后产生输出制品。
- 工作流(Workflow)——When 的问题:工作流描述了一个有意义的、连续的活动序列,每个工作流都将产生一些有价值的产品,并显示角色之间的关系。在 RUP 中,9 个核心工作流分别是业务建模、需求、分析与设计、实现、测试、部署、配置与变更管理、项目管理和环境。
- 迭代(Iteration)——迭代由需求、分析、设计、实现、测试 5 个工作流组成,还包括迭代计划和迭代评估。
- 增量(Increment)——增量是指迭代结束后两个版本之间存在的差异或差值。

11.3　RUP 软件开发生命周期

RUP 软件开发生命周期是一个二维的软件开发模型,它的纵轴代表 9 个核心工作流,横轴代表时间,如图 11.1 所示。

1. RUP 的 9 个核心工作流

- 业务建模(Business Modeling)——理解待开发系统的组织结构和商业运作,确保所有参与人员对待开发系统所在的机构有共同的认识,评估待开发系统对所在机构的影响。

- 需求(Requirements)——需求的目标是描述系统应该做什么,并使开发人员和用户就某一需求描述达成共识。为了实现这一目标,需要对所需的功能和约束进行提取、组织、文档化,最重要的是理解系统所要解决问题的定义和范围。用例是捕获功能性需求和针对个别具体用例的非功能性需求的卓越方法,需求捕获的结果是待开发系统的用例模型。

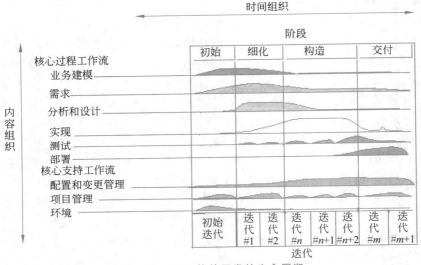

图 11.1   RUP 软件开发的生命周期

- 分析(Analysis)——在分析阶段,对需求阶段描述的用例模型进行细化和组织,这样既可以更精准地理解需求,也可以得到一个易于维护的系统体系结构。在分析阶段,要用面向开发人员的语言进行描述。将需求模型转换为分析模型的分析过程称为概要设计,也称总体设计。
- 设计(Design)——分析模型提供了对需求的详细理解。在设计阶段将联系具体的程序设计语言、确定的组件类、确定的操作系统,还要结合数据库技术、用户界面技术等,将分析模型转换为设计模型,即将系统划分为单个子系统、接口和类,并设计类中的方法的实现算法、接口的具体规范等。
- 实现(Implementation)——在实现阶段,把设计模型转换为实现结果,即探讨如何用源代码、脚本、二进制代码、可执行体等组件实现系统。对开发的源代码做单元测试,并将不同实现人员开发的模块集成为可执行系统。

- 测试与部署（Test & Deployment）——在测试阶段，检查各个子系统的交互与集成，验证所有需求是否均正确实现，对发现的软件质量上的缺陷进行归档，对软件质量提出改进意见。在部署阶段，打包分发、安装软件、升级旧的系统、培训用户及销售人员，并提供技术支持。
- 配置与变更管理（Configuration & Change Management）——描述如何在多个成员组成的项目中控制大量的产品，并提供相应的准则管理演化系统中的多个变体，跟踪软件创建过程中的版本变更。
- 项目管理（Project Management）——为软件开发项目提供计划、人员分配、执行、监控等方面的指导，为风险管理提供框架。
- 环境（Environment）——为软件开发机构提供软件开发环境，即提供过程管理和工具支持。

2. RUP 的 4 个工作阶段

RUP 把软件开发生命周期划分为多个循环，每个循环生成产品的一个新的版本，每个循环依次由 4 个连续的阶段组成，每个阶段完成确定的任务。

- 初始阶段——定义最终的产品视图和业务模型，并确定系统范围。
- 细化阶段——设计及确定系统的体系结构，制订工作计划及资源要求。
- 构造阶段——构造产品并继续推进需求、体系结构、计划，直至产品交付。
- 交付阶段——把产品交付给用户使用。

在时间上，为了能够方便地管理软件开发过程及监控软件开发状态，RUP 把软件开发生命周期安排为循环，每个循环生成一个软件产品的新版本。每个循环都依次由上述 4 个连续的阶段构成，每个阶段都经由需求、分析、设计、实现、测试与部署 5 个核心工作流的多次迭代，以达到预期的目的或完成确定的任务。

11.4　RUP 的特点

与其他的软件开发过程相比，RUP 具有用例驱动、以体系结构为中心、迭代和增量的软件开发过程的技术特点。

1. 用例驱动

用例是能够向用户提供有价值结果的一种系统工具，所有的用例结合在一起就构成了用例模型。在 RUP 中，采用用例基于以下两方面的原因。

1）用例已被证明是捕获需求的一种有效方法

捕获需求有两个目标,一是发现需求,即在实现时可以给用户带来预期价值的需求;二是以适应于用户和开发人员的方式加以表达,即需求的最后描述以及功能可以让用户理解。

另外,用例模型使用自然语言而非形式化语言描述系统的全部功能。因此,用例模型便于用户理解,方便开发人员与用户进行沟通,使二者更容易在系统的需求分析上达成共识。

2) RUP 中的开发活动是用例驱动的

系统的需求、分析、设计、实现、测试与部署等活动都是用例驱动的。用例不只是一种确定系统需求的工具,它还能驱动系统设计、实现和测试与部署的进行,即用例可以驱动开发过程。基于用例模型,开发人员可以创建一系列实现这些用例的设计模型和实现模型,可以审查每个后续建立的模型是否与用例模型一致。测试人员测试实现模型以确保其中的组件正确地实现了用例。因此,用例不仅启动了开发过程,而且使开发过程中的需求、分析、设计、实现、测试与部署等工作流都以用例为测试目标而结合为一体。开发过程沿着一个流进行,即确定用例、设计用例、实现用例、测试与部署用例。

2. 以体系结构为中心

软件体系结构是关于构成系统的元素、元素之间的交互、元素之间的组成模式,以及作用在这些组成模式上的约束等方面的描述。软件体系结构深刻地刻画了系统的整体设计,省略了细节部分,突出了系统的重要特征。软件体系结构是软件设计过程中的一个层次,这一层次超越了计算过程中的算法设计与数据库设计,与代码设计无关,也不依赖于具体的程序设计语言,主要包括系统的总体组织和全体控制、通信协议、同步、数据存取、给设计元素分配特定功能、设计元素的组织、物理分布、系统的伸缩性和性能等。在 RUP 中,软件体系结构用图 11.2 所示的"4+1"视图描述,一般包括逻辑视图、进程视图、实现视图和部署视图,其中以用例视图为中心把这 4 种视图联系在一起。

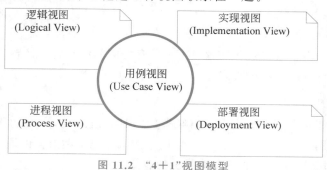

图 11.2　"4+1"视图模型

在"4+1"视图模型中,分析人员和测试人员关心的是系统的行为,将侧重于用例视图;最终用户关心的是系统的功能,将侧重于逻辑视图;程序员关心的是系统的配置、装配等问题,将侧重于实现视图;系统集成人员关心的是系统的性能、可伸缩性等问题,将侧重于进程视图;系统工程师关心的是系统的发布、安装、拓扑结构等问题,将侧重于部署视图。

3. 迭代和增量

基于 RUP 的软件开发过程强调用迭代和增量的方式开发软件,把整个项目开发分成多个迭代过程。在每次迭代中,仅考虑系统的一部分需求,对其进行分析、设计、实现、测试与部署,而且每次迭代都在已经完成的部分的基础上进行,每次增加一些新的功能,以此进行下去,直至完成最后的项目。

11.5　本章小结

UML 是一种定义良好、易于表达、功能强大的建模语言,不仅支持面向对象的分析和设计,而且支持从需求分析到系统实现的软件开发的整个过程。但是,UML 只是一种建模语言,它独立于任何软件开发过程。要想成功地使用UML,一个科学的软件开发过程是非常必要的,尤其在一些需要团队合作的大型系统开发中,合理的软件开发过程能够高效地安排工作进程,提高工作效率,以保证软件的开发质量和重用。

软件开发过程是一个将用户需求转化为软件系统所需的活动的集合。RUP 把软件开发生命周期划分为多个循环,每个循环分为 4 个阶段,即初始阶段、细化阶段、构造阶段和交付阶段。在 RUP 的每个循环阶段中,都需要经过需求、分析、设计、实现、测试与部署这 5 个核心工作流的多次迭代。RUP 是用例驱动的、以体系结构为中心、迭代和增量的软件开发过程。

第12章 Rose 业务视图

软件系统的业务视图能够帮助业务人员确定系统的需求分析是否准确地反映了用户需求,以及从用例分析中得到的用例是否完整地满足了用户需求。通过对业务过程进行建模,可以捕获较为准确地业务需求,从而为软件系统的分析与设计提供更为可靠的依据。

12.1 概述

对现实社会中的任何一个机构而言,必然存在各种各样的业务过程,而每个业务过程又是由多个业务活动组成的。在一个机构中,大多数业务过程都会跨越多个不同的部门,并以一个或多个对象作为输入数据。在这种情形下,各个部门就需要对这些对象进行处理,从而达到创造业务价值以为机构创造利润的目的。

业务视图的主要研究对象是机构。在创建业务视图的过程中,需要检查机构的构成、业务角色以及两者之间的关系,还要分析机构的各个业务流程,确定每个业务流程是怎样工作的。在 UML 中,这些信息使用业务视图描述。

12.1.1 软件开发步骤

在通常情况下,开发软件首先要建立业务视图,然后在业务视图的基础上进行需求分析、系统分析、系统设计、编码、系统测试、系统部署等工作。

① 业务视图——可以用业务用例图(Business Use Case Diagram)、活动图(描述业务过程)和表示实体的类图描述。

② 需求分析——可以用角色、用例、用例图描述。

③ 系统分析——可以用用例事件流、顺序图或协作图以及类图描述。

④ 系统设计——可以用顺序图或协作图、类图、状态图、组件图和部署图描述。

12.1.2　业务视图的作用

在开发软件系统时,首先建立系统的业务视图,然后就可以将业务视图作为软件系统的需求分析和设计的基础。这样实现的软件系统就可以更好地支持机构中的业务。在对软件系统建模时,业务视图可以发挥以下作用。

- 可以协助开发人员确定使用什么样的技术,在什么样的开发和运行平台上实现业务过程是最合适的。
- 可以协助定义系统的功能性与非功能性需求,即软件系统应该具有的用例集合。
- 业务视图可以作为系统分析与设计的基础。

在建模业务视图之后,将会发现业务视图与软件视图之间可能没有一一对应的关系,业务视图中的很多元素在软件视图中也可能不会出现。事实上,在业务视图中定义的类也不会全部映射到软件系统中。但是,业务视图在确定软件系统的类、属性和操作、类的层次结构和相互关系、对象之间的相互协作等方面将会起到非常大的作用。而且,业务视图的一个非常重要的作用是发现软件系统的功能性需求——系统的用例。

需要注意的是,业务视图中不应包括与软件视图无关的细节,而应更多地关注与软件视图密切相关的业务概念。

12.2　业务视图的基本概念

业务视图涉及的基本概念主要有业务参与者、业务工人、业务用例和业务实体。在 Rose 中,与这些基本概念对应的业务视图元素的图形表示如图 12.1 所示。

业务参与者　　业务工人　　业务用例　　业务实体

图 12.1　描述业务视图的基本图形

1. 业务参与者

业务参与者(Business Actor)是机构外部与机构进行交互的所有人或物,例如客户、债权人、供应商、投资商等都可以是参与者,每个参与者都与机构中的业务活动有关。注意:业务参与者不包括单位机构的内部人员。

2. 业务工人

业务工人(Business Worker)是机构的内部人员,代表业务中的一个或一组角色。业务工人参与业务用例的实现时,业务工人和其他业务用例进行交互,并使用和控制业务实体。

3. 业务用例

业务用例(Business Use Case)是机构中为外部的业务参与者提供价值的一组相关工作流。业务用例是 UML 用例的版型。业务用例表示一个机构是做什么的,即这个机构要提供什么样的服务。业务用例图表示机构的业务用例、业务参与者、业务工人以及三者之间的关系。

4. 业务实体

业务实体(Business Entity)是在业务过程中要使用或产生的对象。例如,超市管理系统中涉及的业务实体有购物清单、销售清单、账目、订货合同等。

5. 机构单元

机构单元(Organization Unit)是 UML 中包的概念的版型,是业务工人、业务实体和其他业务视图元素的集合,是对组织结构进行的描述。

12.3　创建业务视图

一般地,一个机构只能按照部门进行划分,而业务用例也是按照部门建立的,所以创建业务视图的第一步是创建机构视图,然后在机构视图的基础上再创建业务视图。创建的业务视图主要包括两部分,一是创建业务参与者与业务工人;二是进行业务用例分析以建立业务用例图。下面以图书管理销售的业务过程为例,介绍在 Rose 环境下创建业务视图的过程。

12.3.1　业务用例分析

业务用例分析是对机构所属部门的业务建模,创建的业务视图是开发新系统的基础。例如,在书店管理系统中,书店按业务职能可以划分为计划订购、书库管理、图书销售、事务管理(员工信息管理、工资管理)等部门,它们是书店组织机构的反映。图书管理销售可以分为图书管理和图书销售两部分。

- 图书管理——图书管理员负责领书上架、销售图书、结账、资金结算等工作。

- 图书销售——收款员负责处理读者的购书,按图书价格和数量计算总价,读者完成付款之后,开具购书清单并交给读者。

由上述描述过程可以看出,书店管理系统的业务参与者是读者,是机构的外部角色;图书管理员和收款员是业务工人,负责处理机构的内部事务;业务用例是图书销售,收款员负责启动图书销售用例,读者从图书销售用例中得到图书购买清单。

12.3.2　创建业务用例视图

1. 创建新的视图

启动 Rose 建模环境,执行 File→New 命令,则将显示选择应用框架的对话框。从对话框中选择 J2SE 1.3,单击 OK 按钮,则将在浏览窗口中显示 Rose 的 4 种视图。执行 File→Save 命令保存视图为"书店管理系统",如图 12.2 所示。

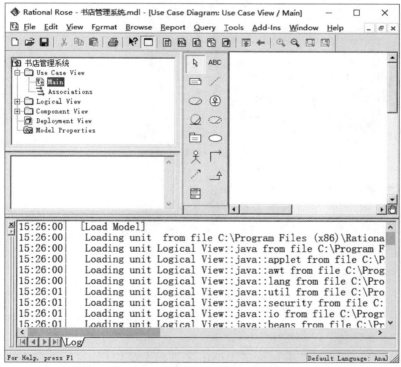

图 12.2　书店管理系统的浏览窗口

2. 创建包

单击浏览窗口中的用例视图以展开该结构。双击 Main 图标,打开默认的用例图。单击建模元素工具栏上的包图标,并将光标移动到用例图的适当位置,此时光标变为"＋"状。在该位置上单击,则将创建一个默认名称为 NewPackage 的包,将该包改名为"业务用例模型"。上述操作完成后,可以在浏览窗口中观察到创建的"业务用例模型"包。右击"业务用例模型"包,在弹出的上下文菜单中执行 New→Use Case Diagram 命令,创建一个名称为"业务用例"与"业务参与者与业务工人"的包,如图 12.3 所示。

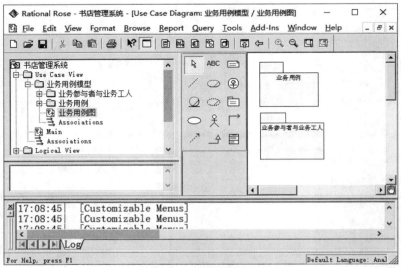

图 12.3　业务用例图

3. 创建业务参与者与业务工人

在业务参与者与业务工人包中创建一个新的用例图 Main,打开这个用例图,分别创建图书管理员与收款员这两个业务工人,再创建一个业务参与者(读者),如图 12.4 所示。

4. 创建业务用例图

在浏览窗口中展开业务用例包,在该包中创建一个名为"图书销售管理"的用例图。打开该用例图,展开业务用例模型包,将其中的读者、图书管理员以及收款员拖曳到这个用例图中。

下面就需要创建业务用例了。单击工具栏上的用例图标,然后在用例图的适当位置单击,创建一个领书上架的用例。然后用类似的方法继续创建销售图书、收书款、结账、资金结算等用例。最后创建业务工人、业务参与者与各个用例之间的关联。图 12.5 所示为最终创建的书店管理系统的业务用例图。

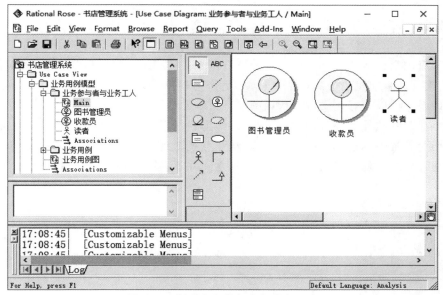

图 12.4　创建业务参与者与业务工人

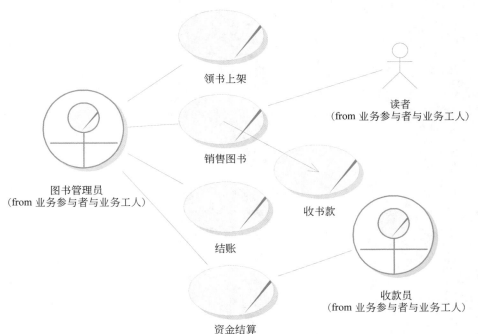

图 12.5　书店管理系统的业务用例图

12.4　本章小结

　　对一个机构的业务过程进行分析有两个主要目的,一是可以更好地理解、分析、改善和替换机构中的业务过程;二是作为软件系统的需求分析的基础,使得软件系统可以更好地支持机构中的业务过程。

　　在开发软件系统时,业务视图可以作为软件系统的需求分析的基础,也可以根据业务视图创建软件视图。但是,从业务视图到软件视图并没有一个简单的、自动转换的过程和规则,两种视图元素之间并不存在一一对应的关系。

Chapter 13

第13章

Rose 用例视图
——需求分析

从本章开始,将以"图书管理系统"作为综合应用案例,探讨使用 UML 和 Rose 建模工具为一个面向对象的信息系统建模的基本原理和方法。本案例的开发将分为需求分析、系统分析、系统设计、系统实现、系统部署与运行 5 个阶段。本案例重点讨论三方面的内容,一是在需求分析阶段如何创建 Rose 用例视图;二是在系统分析和设计阶段如何创建 Rose 逻辑视图;三是在系统实现阶段如何将创建的 Rose 模型转换成 Java 源代码。

本案例实现的图书管理系统能够实现读者信息、书籍信息以及两者相互作用后产生的借书信息、还书信息等的电子化管理,适用于图书馆、企事业单位的图书资料室。

13.1　概述

本系统采用面向对象的方法,使用 UML 与 Ration Rose 建模工具开发"图书管理系统",具体步骤如下。

- 需求分析——用于捕获用户需求,以用例图的方式表达用户的功能需求,还可以辅以文本方式进行其他非功能性需求的标识。
- 系统分析——以需求分析为基础,分析系统中的主要的类,并画出每个类图,确定类之间的关系。用顺序图或协作图描述系统的主要用例,从而形成系统源代码的抽象。作为系统分析的结果,分析模型是一个从需求分析到设计模型的中间产品,主要从概念角度描述系统的结构与功能。
- 系统设计——主要包括涉及系统的体系结构并对其加以细化,确定系统中的包和类,并画出更详细的类图。将分析中的动态模型进一步细化,确切地描述系统的行为,涉及系统的用户界面。
- 系统实现——主要完成系统的组件图,并由模型生成 Java 源代码,并对

　　代码进行完善。

　　"图书管理系统"应用 Java AWT 与 JDBC 技术实现。其中,Java AWT API 用于创建系统的图形化用户界面,JDBC API 用于实现与数据库系统的连接等操作。

13.2　系统概览

　　运行系统的主程序,将显示用户登录界面,如图 13.1 所示。输入用户名与密码(这里使用安装 MySQL 数据库时的用户名和密码——root 和 lxm630926),就可以进入系统的主功能界面,如图 13.2 所示。

图 13.1　系统登录界面

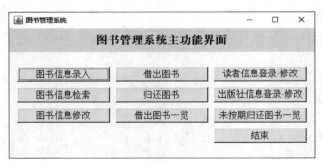

图 13.2　系统主功能界面

　　系统的主功能界面包括图书信息的录入、检索、修改,图书的借出与归还,浏览借出图书和未按期归还图书,读者信息的登录与修改,出版社信息的登录与修改,结束这 10 个功能按钮。

1. 图书信息录入

　　单击"图书信息录入"按钮,则将显示图 13.3 所示的界面。管理员可以在这个界面中输入图书 ID、图书名、编著者、ISBN ID,在下拉列表框中选择出版社,输入出版年份、页数、价格、书架号码以及备注等信息。其中,图书 ID 是主键,属于必须输入的字段项。上述信息输入完成后,单击"录入"按钮,则将图书信息追加到数据库的图书信息表中。单击"结束"按钮,则将返回系统的主功能界面。

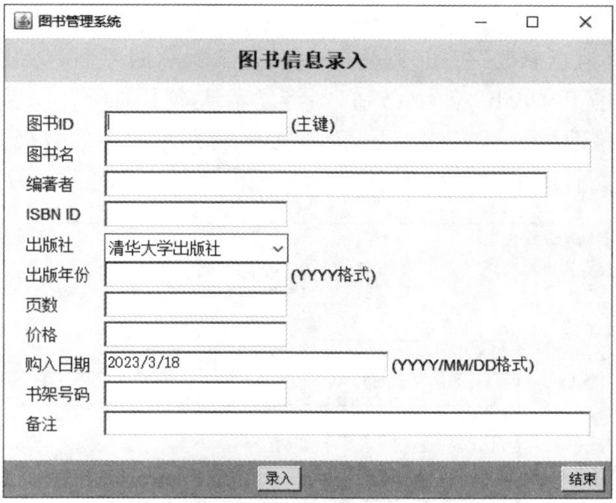

图 13.3　图书信息录入界面

2. 图书信息检索

单击"图书信息检索"按钮,则将显示图 13.4 所示的界面。管理员可以在这个界面中输入图书 ID,然后单击"检索"按钮,则将显示该图书的所有信息。单击"结束"按钮,则将返回系统的主功能界面。

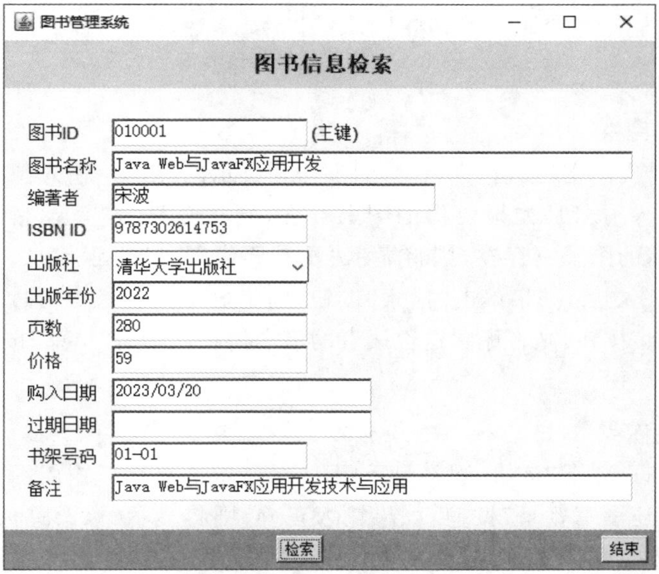

图 13.4　图书信息检索界面

3. 图书信息修改

单击"图书信息修改"按钮,则将显示图 13.5 所示的界面。管理员可以在这个界面中输入图书 ID,单击"检索"按钮,则将显示这本书的所有信息。此时,即可修改图书信息。修改结束后,单击"更新"按钮,则将用修改后的数据更新数据库的图书信息表中的原有图书数据。单击"结束"按钮,则将返回系统的主功能界面。

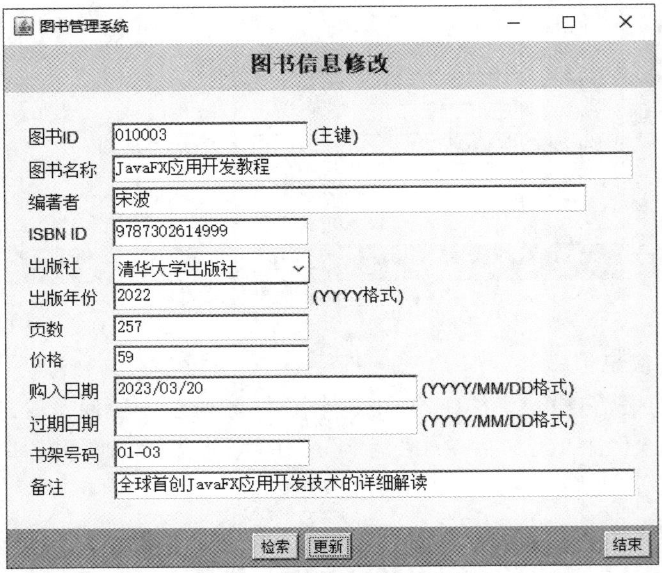

图 13.5   图书信息修改界面

4. 借出图书

单击"借出图书"按钮,则将显示图 13.6 所示的界面。输入图书 ID 和读者 ID,单击"录入"按钮,如果要借的图书存在,则将会显示"登录完成"的提示信息;如果要借的图书不存在,则将显示"没有要借图书"提示信息。在输入图书 ID 和读者 ID 之后,如果单击"检索"按钮,则将显示读者是否借过这本图书;如果单击"删除"按钮,则将删除这位读者的借书信息。单击"结束"按钮,则将返回系统主功能界面。

5. 归还图书

单击"归还图书"按钮,则将显示图 13.7 所示的界面。输入图书 ID 和读者 ID,单击"归还图书登录"按钮,如果输入正确,则将显示"修改完成"提示信息;如果输入有误,则将显示"借出信息不一致"提示信息。单击"结束"按钮,则将返回系统主功能界面。

图 13.6　借出图书界面

图 13.7　归还图书界面

6. 借出图书一览

单击"借出图书一览"按钮,则将显示图 13.8 所示的界面。单击"检索"按钮,则将显示所有读者已借出图书的清单。单击"结束"按钮,则将返回系统主功能界面。

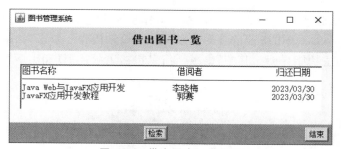

图 13.8　借出图书一览界面

7. 未按期归还图书一览

单击"未按期归还图书一览"按钮,则将显示图 13.9 所示的界面。单击"检索"按钮,则将显示所有未按期归还图书的清单。单击"结束"按钮,则将返回系统的主功能界面。

图 13.9　未按期归还图书一览界面

8. 读者信息登录·修改

单击"读者信息登录·修改"按钮,则将显示图 13.10 所示的界面。在这个界面中,可以完成读者信息的登录、修改、检索操作。单击"结束"按钮,则将返回系统的主功能界面。其中,读者信息包括读者 ID、读者名以及电话号码。

图 13.10　读者信息登录·修改界面

9. 出版社信息登录·修改

单击"出版社信息登录·修改"按钮,则将显示图 13.11 所示的界面。在这个界面中,可以完成出版社信息的登录、修改、检索操作。单击"结束"按钮,则将返回系统的主功能界面。其中,出版社信息包括出版社 ID 和出版社名。

图 13.11　出版社信息登录·修改界面

13.3　需求分析

软件系统开发的最终目的是满足用户的需求,为了达到这个目的,分析人员必须充分理解系统应用的总体目标和用户的工作方式。无论是开发简单的应用程序还是复杂的大规模软件系统,首先要做的工作就是要确定系统的需求,即系统的功能。

一般地,系统的需求可以分为 3 种类型——功能性需求、非功能性需求以及可用性需求。在需求分析中,经常使用的是功能性需求和非功能性需求。可用性需求在小规模系统的开发过程中常常被忽略,但是在规模较大的软件开发中却是衡量一个软件是否成功的重要因素。

功能性需求描述了系统可以做什么或者被期望做什么,即描述了系统的功能。在面向对象的软件开发中,用例图描述系统的功能。非功能性需求描述了保证系统正常运行与提高系统性能等方面的问题。可用性需求研究的主要是人机交互的便利性、易用性等方面的问题。

在图书管理系统中,需要为每位读者创建一个账户,账户中存储读者的个人信息和借阅信息。读者借阅图书要通过管理员实现,即读者并不直接与系统进行交互,而是管理员充当读者的代理与系统进行交互。在借阅图书时,第一步需要输入图书 ID 与读者 ID(借阅时间由系统根据 OS 的日期自动确定),输入完成后向系统提交表格信息;第二步系统将验证读者是否有效,并查询数据库以确认借阅图书是否存在。只有这两个条件都满足,借阅请求才能够被接受,读者才可以借出图书。同时,系统还要保存读者的借阅记录,以便在读者归还图书后,系统可以删除图书借阅记录。

根据上述业务过程的描述,可以将系统的功能性需求描述如下。

- 图书管理系统为管理员提供主功能界面。
- 图书管理系统在启动时要求管理员输入密码,只有密码正确,才可以进入系统的主功能界面。
- 管理员负责图书管理系统的维护工作,因此系统应赋予管理员对图书信息、读者信息和出版社信息进行录入、修改、查询和删除等功能的操作权限。
- 管理员作为读者的代理实现借书与还书业务。
- 图书信息、读者信息和出版社信息保存在数据库系统中。

在上述功能性需求分析的基础上,就可以写出较为详细的需求分析规格说明书,作为进行系统分析、设计和实现的依据。需求分析规格说明书由系统最终用户提出需求,由系统分析人员负责编写。图书管理系统的需求分析规格说明书如下。

- 这是一个图书馆图书借阅管理的应用系统。
- 图书管理系统负责将图书、杂志借给读者,前提条件是这些读者在系统中进行了注册,图书和杂志也在系统中进行了注册。
- 图书馆负责新书的购买,当图书和杂志已经过时或者破旧不堪时,可以将这些图书和杂志从图书管理系统中删除。
- 图书管理员负责与读者打交道,并且在系统的支持下开展工作。
- 图书管理系统能够容易地创建、修改和删除系统中的信息,包括图书信息、读者信息以及出版社信息等。

- 图书管理系统能够在所有流行的平台环境（Windows、UNIX 等操作系统）上运行，并具有一个美观、易用的用户界面。
- 图书管理系统容易扩展新的功能。

13.3.1　需求分析概述

用例视图可以把满足用户需求的基本功能聚合起来。对于即将开发的新系统，用例描述了系统应该做什么；而对于开发完成的系统，用例则反映了系统能够完成什么样的功能。用例视图由一组用例图组成，其基本建模元素是用例和参与者。在用例视图中，系统就好比实现各种用例的黑盒子，只说明系统实现了哪些功能，并不关心系统内部的具体实现细节。

用例视图主要在软件系统开发的初期对系统进行需求分析时使用，目的是使开发者明确系统的功能。用例视图在软件开发生命周期中的主要作用如下。

- 确定系统应具备的功能，以及这些功能是否满足系统的需求。
- 为系统的功能提供清晰一致的描述，以便为后续的开发工作奠定良好的交流基础，使开发人员充分理解系统的功能。

为了定义系统的功能，发现参与者与用例、描述用例、定义用例之间的关系，保证最终模型的有效性，需要创建用例视图。用例视图可供下列人员使用。

- 最终用户——用例视图详细描述了系统应该具有的功能的集合。描述了系统的使用方法，当客户选择执行某个操作之前，通过用例视图就能了解系统的工作是否与期望的相符。
- 系统开发人员——用例视图可以帮助开发人员理解系统的功能，为将来的开发奠定基础。
- 系统集成和测试人员——用例视图可以用来验证被测试的实际系统与用例图中说明的功能集合是否一致。
- 其他人员——市场、销售、技术支持和文档管理人员也关心用例视图。

综上所述，用例视图在系统建模过程中处于非常重要的位置，影响着系统中其他视图的创建与解决方案的实现。用例图只能在宏观上给出系统的总体功能结构，用例实现的细节还需要用脚本描述。

13.3.2　基本建模元素

用例视图与业务视图都使用参与者、用例、关联等的用例图描述，两者之间的区别如表 13.1 所示。

表 13.1　用例视图与业务视图使用的建模元素的区别

建模元素	业务视图	用例视图
用例	机构中为外部的业务参与者提供价值的一组相关工作流	机构中系统的工作流程
参与者	机构外部与机构进行交互的所有人或物	系统外部与系统交互的人或子系统
业务工人	机构的内部人员	

13.3.3　创建用例视图

在 UML 中,用例视图描述了外部用户与系统进行的交互行为。创建系统的用例图,首先要确定系统中存在哪些用例和参与者;其次要确定系统中的用例;最后要用脚本对每个用例进行详细的描述。

图书管理系统的外部用户包括图书管理员和读者。因此,系统参与者可以确定为图书管理员和读者。系统中的用例如下。

- 借书(Borrow Book)——提供图书借阅功能。
- 还书(Return Book)——提供图书归还功能。
- 读者信息维护(Maintain Borrower Info)——提供读者添加、修改以及检索功能。
- 图书信息维护(Maintain Book Info)——提供图书添加、修改以及检索功能。
- 系统登录(Login)——提供系统登录功能。

1. 创建新模型

启动 Rose,在显示的应用框架的对话框中选择 J2SE 1.3,单击 OK 按钮,即"图书管理系统"使用 J2SE 1.3 作为应用程序框架。上述操作完成之后,在 Rose 的浏览器窗口可以看到 Rose 的 4 种视图,保存这个 Rose 模型,并命名为"图书管理系统.mdl"。

2. 创建包

单击浏览窗口中的 Use Case View 的"＋"图标,展开该结构。右击图标 Main,在弹出的菜单中选择 rename 选项,并将其命名为"主用例视图",即它是用例视图中的最高层次的用例图。

双击"主用例视图"图标,打开这个用例图,在其中创建一个名为"用例视图"的包。在这个包下的"主用例视图"中分别创建两个名为"系统用例"和"系统参与者"的包。打开这两个包的规范对话框,在 Stereotype 下拉列表中选择

subsystem 选项,表明它们是子系统,如图 13.12 所示。

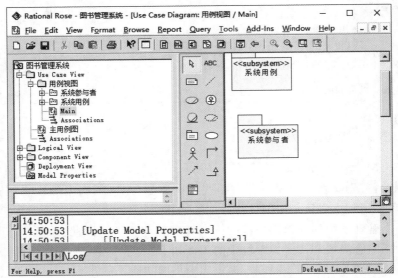

图 13.12　图书管理系统中的用例视图包(1)

3. 创建系统参与者

在"系统参与者"包下创建一个名为"系统参与者用例图"的用例图。打开这个用例图,在其中创建一个"图书管理员"的参与者,在 Stereotype 下拉列表中选择 Business Actor 选项,表明这是一个业务工人。用同样的方法创建一个"读者"参与者,然后创建两者之间的依赖关系,如图 13.13 所示。

4. 创建系统用例

在"系统用例"包下创建一个名为"系统用例图"的用例图。打开该用例图,创建一个"系统登录"用例,再分别创建"图书借阅""图书归还""图书维护""读者维护"这 4 个用例,如图 13.14 所示。

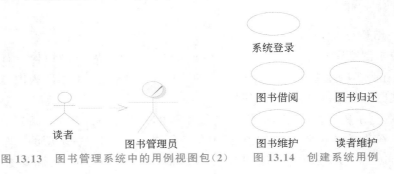

图 13.13　图书管理系统中的用例视图包(2)　　图 13.14　创建系统用例

5. 创建系统主用例图

双击"系统参与者用例图"图标,打开这个用例图。从浏览窗口中将"系统参与者"包中的"图书管理员"和"读者"这两个参与者,以及"系统用例"包中的"图书借阅"和"图书归还"这两个用例拖曳到用例图中,并根据系统用例的分析结果创建参与者与用例之间的关联,如图 13.15 所示。

图 13.15 创建系统主用例图(1)

双击系统用例图,打开这个用例图。从浏览窗口中将"系统参与者"包中的"图书管理员"参与者,以及"系统用例"包中的"系统登录""图书借阅""图书归还""图书维护""读者维护"用例拖曳到这个用例图中,并根据系统用例的分析结果创建参与者与用例之间的关联,如图 13.16 所示。

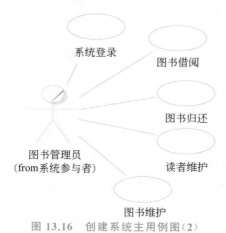

图 13.16 创建系统主用例图(2)

6. 创建用例脚本

每个用例都附带有文本文档(脚本),脚本更详细地描述了一个用例与参与者进行的交互,这些脚本是建模人员与用户认真讨论后定义的。用例图的脚本描述了系统应该做什么,而不是描述系统怎样做。

用例的描述格式并没有统一的标准,用户可以用适用于自身的用例描述格式撰写脚本。本书使用下列描述项撰写用例的脚本。

- 用例名称——表明用户的意图或用例的用途。
- 参与者——与该用例相关的参与者列表。
- 前置条件——一个条件列表。如果其中包含条件,则这些条件必须在访问用例之前得到满足。
- 后置条件——一个条件列表。如果其中包含条件,则这些条件将在用例完成后得到满足。
- 基本事件流——描述用例中各项活动都正常进行时用例的工作方式。
- 分支事件流——描述用例中某项活动的子活动的各项工作都正常进行时用例的工作方式。
- 异常事件流——描述用例的变更工作方式,以及出现异常或发生错误的情形下执行的路径。

图书管理系统中的每个用例的脚本描述如下。

1. 系统登录

用例名称:系统登录

参与者:图书管理员

1.1　前置条件

无

1.2　后置条件

如果用例成功,则参与者可以启动系统,使用系统提供的功能。反之,系统的状态不发生变化。

1.3　基本事件流

当图书管理员登录时,用例启动。

① 系统提示用户输入用户名与密码。

② 用户输入用户名与密码。

③ 系统验证用户输入的用户名和密码,若正确,则用户登录系统。

1.4　异常事件流

当用户输入无效的用户名和密码后,系统显示错误信息。用户可以选择返回基本事件流的起始点,重新输入正确的用户名和密码;或者取消登录,用例结束。

2. 图书借阅

用例名称:借阅图书

参与者:读者,图书管理员

2.1　前置条件

在这个用例开始之前,图书管理员必须登录系统;否则,系统的状态不发生变化。

2.2　后置条件

如果用例成功,则在系统中创建并存储借阅记录。

2.3　基本事件流

当读者借阅图书时,用例启动。

① 登录系统。

② 输入图书 ID 和读者 ID。

③ 检索读者 ID。

④ 检索图书 ID。

⑤ 根据时间算法确定图书的借出日期和归还日期。

⑥ 图书馆将图书借给读者。

⑦ 创建借阅记录。

⑧ 存储借阅记录。

2.4　异常事件流

① 如果读者未注册,则系统显示提示信息,用例被终止。

② 如果要借图书不存在,则系统显示提示信息,用例被终止。

③ 如果要借图书已被借出,则系统显示提示信息,用例被终止。

3. 图书归还

用例名称：归还图书

参与者：读者,图书管理员

3.1　前置条件

在这个用例开始之前,图书管理员必须登录系统;否则,系统的状态不发生变化。

3.2　后置条件

如果用例成功,则在系统中删除借阅记录;否则,系统的状态不发生变化。

3.3　基本事件流

当读者归还图书时,用例启动。

① 登录系统。

② 输入图书 ID 和读者 ID。

③ 检索读者 ID。

④ 检索图书 ID。

⑤ 查询图书借阅记录。

⑥ 删除图书借阅记录。

3.4　异常事件流

① 如果归还图书不存在,则系统显示提示信息,用例被终止。

② 如果借阅记录不存在,则系统显示提示信息,用例被终止。

4. 读者维护

用例名称:读者维护

参与者:图书管理员

4.1　前置条件

在这个用例开始之前,图书管理员必须登录系统;否则,系统的状态不发生变化。

4.2　后置条件

如果用例成功,则在系统中添加、修改或检索读者信息;否则,系统的状态不发生变化。

4.3　基本事件流

当图书管理员维护读者信息时,用例启动。

① 登录系统。

② 如果选择的是"添加读者信息",则将执行分支事件流 4.3.1——添加读者信息。

③ 如果选择的是"修改读者信息",则将执行分支事件流 4.3.2——修改读者信息。

④ 如果选择的是"检索读者信息",则将执行分支事件流 4.3.3——检索读者信息。

4.3.1　分支事件流

① 提供读者的信息。例如,读者 ID、姓名、电话号码等。

② 系统存储读者信息。

4.3.2　分支事件流

① 输入读者 ID。

② 查询并显示读者信息。

③ 更新系统中的读者信息。

4.3.3　分支事件流

① 输入读者 ID。

② 查询并显示读者信息。

4.4　异常事件流

① 如果读者已经存在,则系统显示提示信息,用例被终止。

② 如果查询不到读者,则系统显示提示信息,用例被终止

5. 图书维护

用例名称：图书维护

参与者：图书管理员

5.1　前置条件

在这个用例开始之前,图书管理员必须登录系统;否则,系统的状态不发生变化。

5.2　后置条件

如果用例成功,则在系统中添加、修改或检索图书信息;否则,系统的状态不发生变化。

5.3　基本事件流

当图书管理员维护图书信息时,用例启动。

① 登录系统。

② 如果选择的是"添加图书信息",则将执行分支事件流 5.3.1——添加图书信息。

③ 如果选择的是"修改图书信息",则将执行分支事件流 5.3.2——修改图书信息。

④ 如果选择的是"检索图书信息",则将执行分支事件流 5.3.1——检索图书信息。

5.3.1　分支事件流

① 提供图书的信息。例如,图书 ID、图书名称、编著者、出版社、价格、出版年份等。

② 系统存储图书信息。

5.3.2　分支事件流

① 输入图书 ID。

② 查询并显示图书信息。

③ 更新系统中的图书信息。

5.3.3　分支事件流

① 输入图书 ID。

② 查询并显示图书信息。

5.4　异常事件流

① 如果该图书已经存在,则系统显示提示信息,用例被终止。

② 如果查询不到该图书,则系统显示提示信息,用例被终止。

13.3.4   图书管理系统的用例视图

根据上述系统用例脚本的描述，创建一个名为"图书管理系统"的新包。在该包下创建以下 5 个系统用例。

- 图书信息管理——包括登录、检索、修改图书信息 3 个子用例。
- 图书借还信息管理——包括借阅图书、归还图书、借出图书一览表、未按期归还图书一览表 4 个子用例。
- 读者信息管理——包括添加、修改、检索读者信息 3 个子用例。
- 出版社信息管理——包括添加、修改、检索出版社信息 3 个子用例。
- 系统管理——包括系统登录、系统主功能界面 2 个子用例。

在"系统用例"包中创建上述新添加的子用例，生成的系统用例视图的结构如图 13.17 所示。

图 13.17   系统用例视图的结构

在浏览窗口中，将"图书管理员"参与者拖曳到主用例图中，再分别将"系统用例"包中的"图书信息管理""图书借还信息管理""读者信息管理""出版社信息管理""系统管理"5 个用例拖曳到主用例图中,然后分别将上述 5 个用例所属的子用例拖曳到主用例图中,最后确定这些用例之间的关联关系,就形成了"图书管理系统"的详细用例视图,如图 13.18 所示。

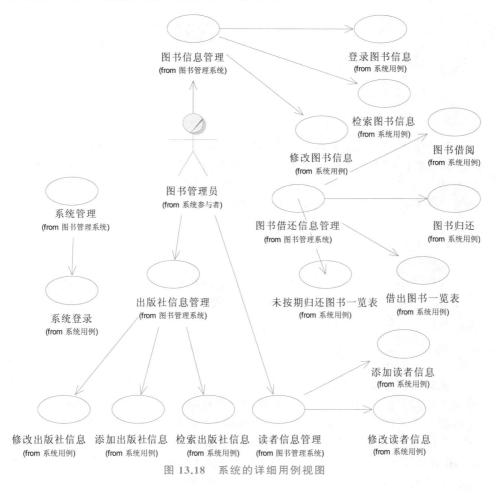

图 13.18　系统的详细用例视图

13.4　本章小结

用例的实现贯穿了系统的整个开发过程,为各个开发阶段提供了描述系统功能需求的脚本。在系统分析阶段,分析人员使用用例检查是否已经定义了合适的问题域类;在系统的设计阶段,设计人员使用用例确保解决方案可以有效地处理要求的功能;而用例的实现细节则可以用顺序图进行描述。

第14章

Rose 逻辑视图
——分析模型

Rose 用例视图完成系统的需求分析,关注系统做什么,而逻辑视图则关注如何实现系统用例中提出的功能。Rose 逻辑视图主要用类图和对象图描述系统的静态结构,同时描述了对象之间为实现给定功能而在发送消息时出现的动态协作关系。逻辑视图的动态行为可以用状态图、顺序图、协作图以及活动图描述。

14.1 概述

逻辑视图提供了组成系统的各个组件之间如何关联的更详细的描述。除此之外,逻辑视图还包括所需的特定类、类图、顺序图、协作图和包,系统设计人员可以利用它们构造更加详细的系统设计。

14.1.1 分析模型的概念

创建分析模型是指在业务分析和需求分析的基础上,从抽象的概念层次上确定系统的要素、构成和结构,从而得出分析模型,并为创建设计模型提供依据。分析模型是系统分析的结果,由多个分析包、概念类和用例分析组成。

分析包(Analysis Package)是组成系统的结构单元,是对分析模型中的概念类、用例分析等要素进行组织和管理的中间模块。根据需求分析的结果以及内容相关性原则,可以把多个聚合度强的概念类和用例分析划分到一个分析包。除此之外,一个分析包也可能包含其他分析包。分析包具有较强的聚合性和较低的耦合性。分析包是根据某一主题得出的,并可作为设计模型中子系统设计的参照。

14.1.2 分析模型的主要工作

1. 用例视图分析

分析模型是从抽象的概念层次和功能需求的角度,根据系统的需求结构确定的系统模型结构。分析模型又是由分析包按照组成关系或依赖关系构成的，所以用例视图分析的主要工作是确定组成系统的分析包以及分析包之间的关系。

2. 创建分析类图

分析类图用概念类描述。概念类（Conception Class）来源于业务领域中的客观实体、系统与外界的交互处理和对系统要素的控制三方面。概念类面向功能需求，一般不考虑性能要求，具有突出业务领域、突出概念性以及大粒度的特征。系统分析的概念性决定了要把系统要素细化到概念类的程度才可以满足系统分析的需要。在系统分析阶段确定的概念类到了系统设计阶段，可能表示一个类，也可能标识若干类。在 UML 中，概念类分为实体类、边界类和控制类 3 种类型。在 Rose 中，概念类和用例实现是创建分析模型的基本建模元素，它们都是类的版型。

3. 用例实现

在 Rose 中，为了把用例和用例实现相区别，引入了一个新的建模元素——用例实现。用例实现与用例是相对应的，用例通过用例实现完成相应应用的功能。对用例视图中的每个用例，分析模型中都有对应的一种用例实现。用例实现用顺序图、协作图和状态图详细地描述每个用例的实现。

4. 概念类分析

概念类分析是对提取的各个概念类的职责、属性、关系和特殊需求进行的分析。

- 职责——是概念类在系统中的作用和责任。主要从应用需求的角度描述概念类的职责，一般不细化到操作和接口级别。
- 属性——是概念类的性质和特征。从概念层次描述概念类的主要性质，不需要指定属性的类型、可见性等。
- 关系——是概念类之间存在的关联、聚合、泛化等关系。
- 特殊需求——是细化或实现某个类的某些特殊的性能需求。

14.2　分析包

系统的分析模型是由多个分析包按照组成关系或依赖关系构成的，这就需要对分析包进行分解。高层分析包是由多个低层分析包组成的，可以层层分解，直到分析包的功能已经十分清晰、规模适中为止。在确定分析包之后，还需要确定分析包之间的依赖关系。尽管确定分析包的原则是高内聚和低耦合，但是某些分析包之间仍然存在依赖关系。

14.2.1 分析包的初步结构

创建系统分析包的依据是需求分析中确定的用例视图。在创建系统分析包的开始阶段,可以直接把用例视图作为要进行分析的初步结构,把用例视图中的需求包作为分析模型中的分析包,包的名称和组成关系都可以不改变。接下来通过对各个分析包的分解和优化确定系统分析包的初步结构。

分析第 13 章创建的用例视图,可以确定系统的分析包的初步结构由 5 个分析包组成——图书信息管理、图书借还信息管理、读者信息管理、出版社信息管理以及系统管理。其中,前 4 个分析包代表系统具有的 4 个功能。

启动 Rose,打开"图书管理系统.mdl"模型文件,展开浏览窗口中的逻辑视图,创建一个名为"主类图"的类图。双击这个类图,在其中分别创建 5 个分析包,再根据需求分析的结果创建这些分析包之间的依赖关系,如图 14.1 所示。

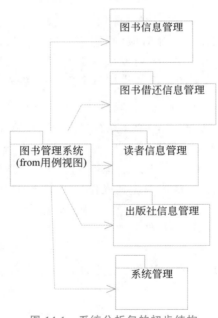

图 14.1   系统分析包的初步结构

14.2.2 分解分析包

在系统分析包结构的不同位置,分析包具有不同的抽象度。分析模型是抽象度最高的一个分析包,越处在结构的上层,其抽象度越高,反之,其抽象度越低。确定系统分析包结构的过程就是从顶层分析包开始,逐层对分析包进行分解,直到分解到底层分析包为止。需求分析阶段的用例视图可以将图 14.1 所示的系统分析包的初步结构分解成图 14.2 所示的系统分析包的详细结构。

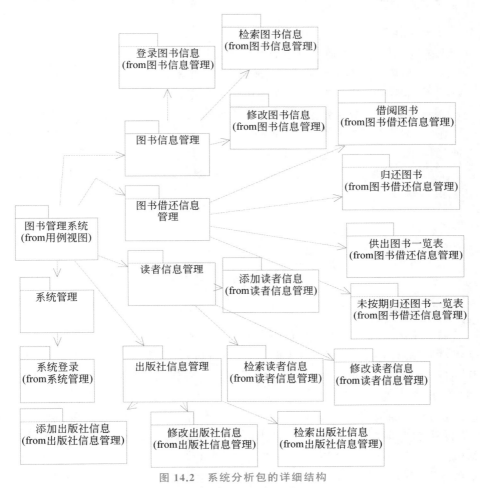

图 14.2　系统分析包的详细结构

14.3　分析类图与用例实现

分析模型主要用于用例实现,而一个用例可以通过一个概念类实现其功能。为了把用例与用例实现相区分,Rose 提供了一种新的建模元素——用例实现,即用例通过用例实现完成相应的功能。用例实现相当于 UML 的协作,可以通过对象或类的协作完成用例的实现。本节将创建系统的用例视图中的所有用例的分析类图与用例实现。

14.3.1　系统登录

1. 分析类图

系统登录用例可以通过以下 3 种类的合作实现。

- 边界类——登录界面,用于输入用户名和密码。
- 实体类——用户表,用于保存用户名和密码。
- 控制类——登录信息控制,用于验证输入的用户名与密码的正确性。

在 Rose 的浏览窗口中展开"系统管理"包,在这个包中创建一个名为"系统管理"的类图。在类图的适当位置创建一个名为"登录界面"的边界类,再分别创建一个用户表的实体类和登录信息控制的控制类,并建立它们之间的关联,如图 14.3 所示。

登录界面　　　登录信息控制　　　　用户表

图 14.3　系统登录分析类图

2. 用例实现

创建用例实现可以进一步描述类的动态特征。用例实现可以从不同的角度描述,可以通过类之间的合作(类图)描述,可以通过对象按照时间顺序的消息交互(顺序图)描述,也可以通过对象之间的协作(协作图)描述。系统将采用顺序图描述用例实现。

在 Rose 的浏览窗口中展开"系统登录"包,在该包中创建一个名为"系统登录"的顺序图。打开这个顺序图,从用例视图的系统参与者包中将"图书管理员"拖曳到顺序图中,再将分析视图下的"系统管理"包中的边界类、控制类和实体类拖曳到顺序图中。图 14.4 所示为描述"登录系统成功"用例实现的顺序图。其中,在顺序图中新增了一个名为"系统主功能界面"的边界类。

14.3.2　登录图书信息

1. 分析类图

"登录图书信息"用例可以通过以下 3 种类的合作实现。

- 边界类——登录图书界面,用于输入图书信息。
- 实体类——图书表,用于保存、修改、检索图书信息。

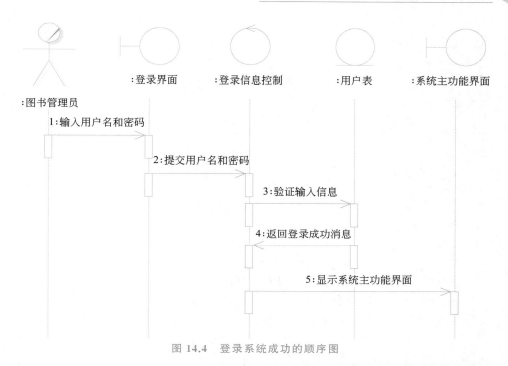

图 14.4　登录系统成功的顺序图

- 控制类——登录图书信息控制，用于边界类与实体类之间的信息交互。

在 Rose 的浏览窗口中展开"登录图书信息"包，在这个包中创建一个名为"登录图书信息"的分析类图，如图 14.5 所示。

登录图书界面　登录图书信息控制　图书表
图 14.5　登录图书信息分析类图

2. 用例实现

在 Rose 的浏览窗口中展开"登录图书信息"包，在该包中创建一个名为"登录图书信息"的顺序图。打开该顺序图，从用例视图的"系统参与者"包中将图书管理员参与者拖曳到顺序图中。将分析视图中的"登录图书信息"包中的边界类、控制类和实体类拖曳到该顺序图中，如图 14.6 所示。

14.3.3　修改图书信息

1. 分析类图

"修改图书信息"用例可以通过以下 3 种类的合作实现。

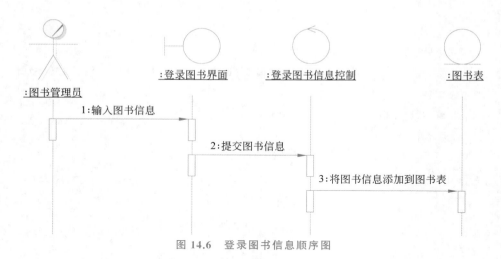

图 14.6   登录图书信息顺序图

- 边界类——修改图书界面,用于修改图书的信息。
- 实体类——图书表,用于保存、修改、检索图书信息。
- 控制类——修改图书信息控制,用于边界类与实体类之间的信息交互。

在 Rose 的浏览窗口中展开"修改图书信息"包,在这个包中创建一个名为"修改图书信息"的分析类图,如图 14.7 所示。

修改图书界面   修改图书信息控制   图书表
(from登录图书信息)
图 14.7   修改图书信息分析类图

2. 用例实现

在 Rose 的浏览窗口中展开"修改图书信息"包,在该包中创建一个"修改图书信息"的顺序图。打开该顺序图,从用例视图的"系统参与者"包中将图书管理员参与者拖曳到顺序图中。将分析视图中的"登录图书信息"包中的边界类、控制类和实体类拖曳到该顺序图中,如图 14.8 所示。

14.3.4   检索图书信息

1. 分析类图

"检索图书信息"用例可以通过以下 3 种类的合作实现。

- 边界类——检索图书界面,用于输入检索条件。
- 实体类——图书表。

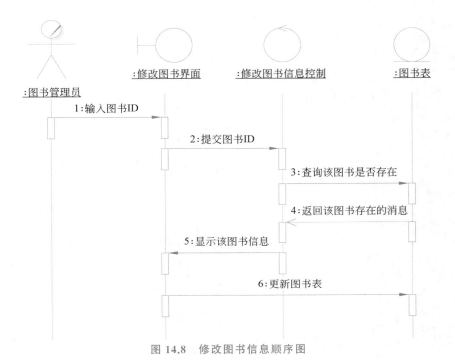

图 14.8　修改图书信息顺序图

- 控制类——检索图书信息控制,用于边界类与实体类之间的信息交互。

在 Rose 的浏览窗口中展开"检索图书信息"包,在这个包中创建一个名为"检索图书信息"的分析类图,如图 14.9 所示。

检索图书界面　检索图书信息控制　　　图书表
　　　　　　　　　　　　　　　　　（from登录图书信息）

图 14.9　检索图书信息分析类图

2. 用例实现

在 Rose 的浏览窗口中展开"检索图书信息"包,在该包中创建一个名为"检索图书信息"的顺序图,如图 14.10 所示。

14.3.5　添加读者信息

1. 分析类图

"添加读者信息"用例可以通过以下 3 种类的合作实现。

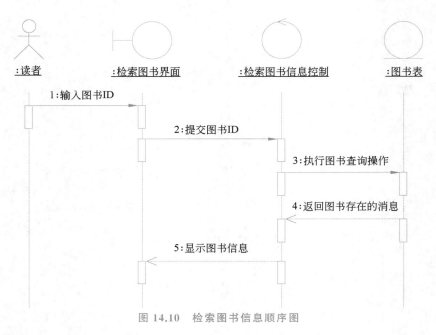

图 14.10   检索图书信息顺序图

- 边界类——添加读者界面,用于输入读者信息。
- 实体类——读者表。
- 控制类——添加读者信息控制,用于边界类与实体类之间的信息交互。

在 Rose 的浏览窗口中展开"添加读者信息"包,在这个包中创建一个名为"添加读者信息"的分析类图,如图 14.11 所示。

添加读者信息界面   添加读者信息控制   读者表
图 14.11   添加读者信息分析类图

2. 用例实现

在 Rose 的浏览窗口中展开"添加读者信息"包,在该包中创建一个名为"添加读者信息"的顺序图,如图 14.12 所示。

14.3.6   修改读者信息

1. 分析类图

"修改读者信息"用例可以通过以下 3 种类的合作实现。

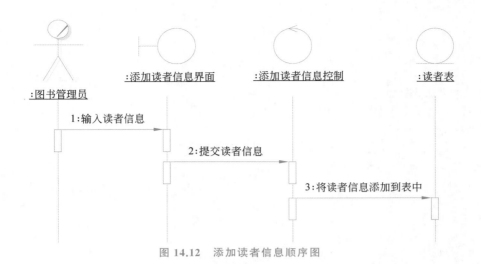

图 14.12　添加读者信息顺序图

- 边界类——修改读者界面,用于输入读者 ID。
- 实体类——读者表。
- 控制类——修改读者信息控制,用于边界类与实体类之间的信息交互。

在 Rose 的浏览窗口中展开"修改读者信息"包,在这个包中创建一个名为"修改读者信息"的分析类图,如图 14.13 所示。

修改读者信息界面　修改读者信息控制　　读者表
　　　　　　　　　　　　　　　　　　　　(from添加读者信息)

图 14.13　修改读者信息分析类图

2. 用例实现

在 Rose 的浏览窗口中展开"修改读者信息"包,在该包中创建一个名为"修改读者信息"的顺序图,如图 14.14 所示。

14.3.7　检索读者信息

1. 分析类图

"检索读者信息"用例可以通过以下 3 种类的合作实现。

- 边界类——检索读者界面,用于输入检索条件。
- 实体类——读者表。
- 控制类——检索读者信息控制,用于边界类与实体类之间的信息交互。

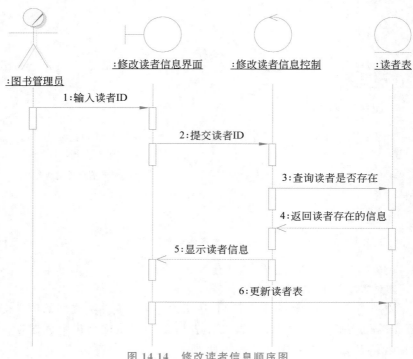

图 14.14　修改读者信息顺序图

在 Rose 的浏览窗口中展开"检索读者信息"包,在这个包中创建一个名为"检索读者信息"的分析类图,如图 14.15 所示。

检索读者信息界面　检索读者信息控制　　读者表
　　　　　　　　　　　　　　　　　　　　　　　(from添加读者信息)
图 14.15　检索读者信息分析类图

2. 用例实现

在 Rose 的浏览窗口中展开"检索读者信息"包,在该包中创建一个名为"检索读者信息"的顺序图,如图 14.16 所示。

14.3.8　出版社信息管理

"出版社信息管理"用例分析模型的创建工作与"读者信息管理"的相似,读者可参照图 14.17 所示的分析包结构自行完成创建工作。

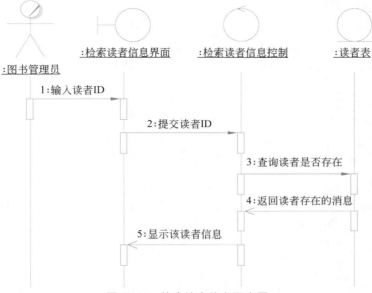

图 14.16　检索读者信息顺序图

图 14.17　分析包结构

14.3.9　借阅图书信息

1. 分析类图

"借阅图书信息"用例可以通过以下 3 种类的合作实现。

- 边界类——借阅图书界面,用于输入图书 ID 和读者 ID。
- 实体类——读者表、图书表、图书借阅表。
- 控制类——借阅图书信息控制,用于边界类与实体类之间的信息交互。

在 Rose 的浏览窗口中展开"借阅图书"包,在这个包中创建一个名为"借阅图书"的分析类图,如图 14.18 所示。

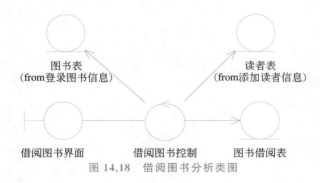

图 14.18　借阅图书分析类图

2. 用例实现

在 Rose 的浏览窗口中展开"借阅图书"包,在该包中创建一个名为"借阅图书"的顺序图,如图 14.19 所示。

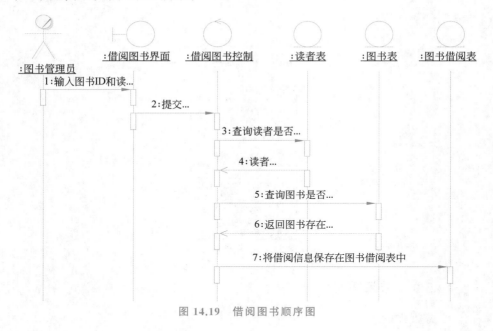

图 14.19　借阅图书顺序图

14.3.10　归还图书信息

1. 分析类图

"归还图书信息"用例可以通过以下 3 种类的合作实现。

- 边界类——归还图书界面,用于输入图书 ID 和读者 ID。
- 实体类——读者表、图书表、图书借阅表。

- 控制类——归还图书信息控制,用于边界类与实体类之间的信息交互。

在 Rose 的浏览窗口中展开"归还图书"包,在这个包中创建一个名为"归还图书"的分析类图,如图 14.20 所示。

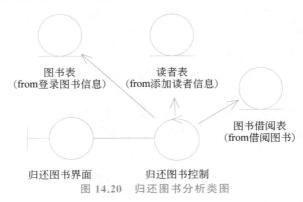

图 14.20　归还图书分析类图

2. 用例实现

在 Rose 的浏览窗口中展开"归还图书"包,在该包中创建一个名为"归还图书"的顺序图,如图 14.21 所示。

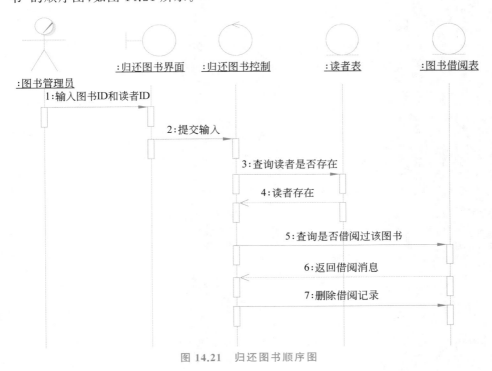

图 14.21　归还图书顺序图

14.3.11　借出图书一览表

1. 分析类图

"借出图书一览表"用例可以通过以下 3 种类的合作实现。

- 边界类——系统主功能界面和借出图书一览表界面。
- 实体类——图书借阅表。
- 控制类——借出图书一览表控制,用于边界类与实体类之间的信息交互。

在 Rose 的浏览窗口中展开"借出图书一览表"包,在这个包中创建一个名为"借出图书一览表"的分析类图,如图 14.22 所示。

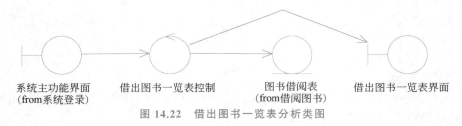

系统主功能界面　　　借出图书一览表控制　　　　图书借阅表　　　借出图书一览表界面
(from 系统登录)　　　　　　　　　　　　　　　　(from 借阅图书)

图 14.22　借出图书一览表分析类图

2. 用例实现

在 Rose 的浏览窗口中展开"借出图书一览表"包,在该包中创建一个名为"借出图书一览表"的顺序图,如图 14.23 所示。

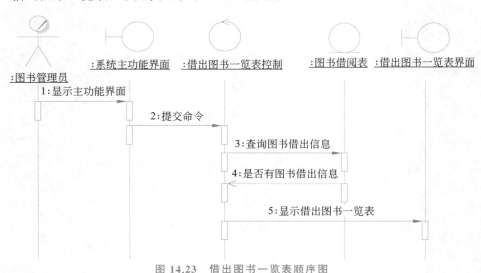

图 14.23　借出图书一览表顺序图

14.3.12　未按期归还图书一览表

1. 分析类图

"未按期归还图书一览表"用例可以通过以下 3 种类的合作实现。

- 边界类——系统主功能界面和未按期归还图书一览表界面。
- 实体类——图书借阅表。
- 控制类——未按期归还图书一览表控制,用于边界类与实体类之间的信息交互。

在 Rose 的浏览窗口中展开"未按期归还图书一览表"包,在这个包中创建一个名为"未按期归还图书一览表"的分析类图,如图 14.24 所示。

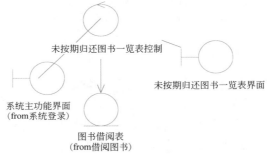

图 14.24　未按期归还图书一览表分析类图

2. 用例实现

在 Rose 的浏览窗口中展开"未按期归还图书一览表"包,在该包中创建一个名为"未按期归还图书一览表"的顺序图,如图 14.25 所示。

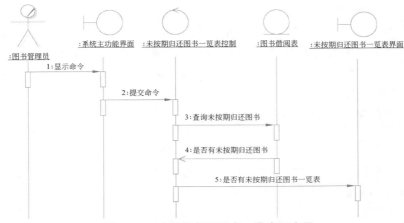

图 14.25　未按期归还图书一览表顺序图

14.4　概念类分析

创建系统分析模型的最后一项工作是概念类分析。概念类分析是对提取的概念类的职责、属性、关系和特殊需求进行的分析。

14.4.1　职责分析与属性分析

1. 职责分析

概念类的职责是指概念类在系统中的责任和作用，主要是由在业务中的作用确定的。一般地，概念类不细化到操作和接口这一层次，而仅仅从总体上描述其职责。特别地，实体型概念类大多出现在多个用例中，在不同用例中的作用也可能不同，这就要求分析人员进行全面的分析。概念类可以用自然语言描述。

2. 属性分析

在面向对象程序设计中，属性标识对象的静态特性。每个属性的具体值称为属性值。例如，学生对象的属性为学号、姓名、性别、出生年月等；学号、姓名等称为学生对象的属性项。宋楠、男、1976.10.10 等则是属性值。属性分析要求分析人员与用户合作，分析业务领域和概念类的职责，以确定适合的概念类的属性。一般地，概念类需要记录和保存的信息应作为属性。例如，学生选修课的成绩是要保存的信息，课程成绩就可以作为它的属性类的一个属性。可以根据以下基本特征确定不同类型的概念类的属性。

- 实体类的属性——可以根据事物本身的性质确定。例如，对于图书的属性，可以通过对图书性质的分析确定。
- 边界类的属性——可以根据进行交互信息的项目确定。例如，对于借阅图书界面这个边界类，输入信息是图书 ID 和读者 ID，输出信息是登录完成和无借阅图书，那么就可以把这 4 项信息作为借阅图书界面的属性。一般地，与其他系统进行交互的边界类属性通常表示为通信接口的特性。
- 控制类的属性——一般没有属性。

14.4.2　关系分析

概念类之间存在关联、聚集或组成、泛化以及依赖关系。对提取的每个概念类，都要分析并确定它们之间的关系。

在图书管理系统中，存在借书、还书以及系统维护等业务工作。这些业务工作涉及的关键概念主要有图书、读者和出版社,涉及的实体类有图书类、图书借阅类、读者类和出版社类,这些实体类之间的关系如图 14.26 所示。

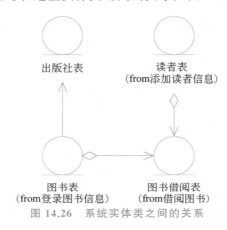

出版社表　　　　读者表
　　　　　　　　(from添加读者信息)

图书表　　　　　图书借阅表
(from登录图书信息)　(from借阅图书)

图 14.26　系统实体类之间的关系

在图书管理系统中,图书管理员通过借书界面实现图书的借出,通过还书界面实现读者归还图书的处理,通过维护界面对系统数据进行维护。维护信息主要包括图书信息、读者信息、出版社信息的添加、修改、删除等操作,这在系统设计阶段可以划分为若干不同的子界面。

边界类通过控制类实现与实体类的数据交互,三者之间存在依赖关系,这种依赖关系如图 14.27 所示。

14.4.3　通用概念类与特殊需求

有些概念类可能与多个分析包有关联关系,这些概念类称为通用概念类。通用概念类一般采用两种方法处理,一种是把它放到通用分析包中;另一种是把它从分析包中分离出来,作为系统重点关注的独立概念类。例如,可以将系统中所有其他类使用的公共常量与方法定义成若干通用概念类。本书开发的图书管理系统就设计了类似功能的通用概念类,这将在系统设计模型中实现。提取的部分概念类可能存在一些特殊的性能需求,对这些特殊的性能需求也要进行捕捉,以便在系统设计阶段进行考虑。

14.4.4　概念类字典

概念类字典(Concepyion Class Dictionary)用来记录系统分析中提取的概念类,并对概念类进行说明。概念类字典由编号、类名、职责、属性、说明和特殊需求等组成。下面以图书管理系统中典型的概念类为例,说明概念类字典的编制方法。

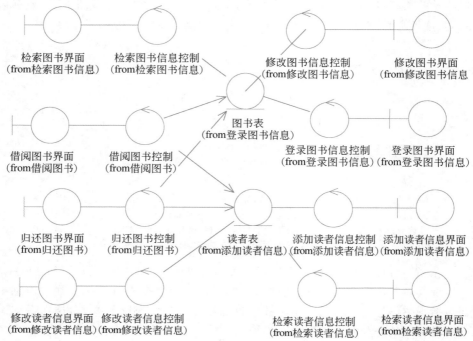

图 14.27　系统概念类之间的关系

1）图书表概念类

编号：A — 1 — 01

类名：图书表

职责：存放图书馆所能处理的图书的基本信息。

属性：图书代号，图书名称，编著者，ISBN 代码，出版社代码，出版年份，页数，价格，购入日期，过期日期，书架代码，备注。

说明：该概念类保存所有图书类的公共信息，是图书借阅表的父类。图书的身份是通过 ISBN 识别的。图书因为使用期限等可以被销毁，所以图书也有行为。因此，图书表是系统中的一个对象。

2）登录图书界面概念类

编号：A — 1 — 02

类名：登录图书界面

职责：提供输入所有图书信息的界面。

属性：图书代码，图书名称，编著者，ISBN 代码，出版社代码，出版年份，页数，价格，购入日期，过期日期，书架代码，备注。

说明：该概念类的所有属性是非持久性的，但是它为用户保存持久性的图书属性提供了一个临时的输入接口。

3）登录图书信息控制概念类

编号：A — 1 — 03

类名：登录图书信息控制

职责：实现登录图书界面类与图书表类提供信息的交互。

属性：图书代码，图书名称，编著者，ISBN 代码，出版社代码，出版年份，页数，价格，购入日期，过期日期，书架代码，备注。

说明：该概念类的所有属性是非持久性的，但是它为用户保存持久性的图书属性提供了一个临时的输入接口。

4）出版社表概念类

编号：B — 1 — 01

类名：出版社表

职责：存放图书表使用的所有图书的出版单位。

属性：出版社代码，出版社名称。

说明：该概念类与出版社表之间存在单向关联的关系。

5）读者表概念类

编号：C — 1 — 01

类名：读者表

职责：存放图书馆的所有读者的信息。

属性：读者代码，读者名，联系电话。

说明：该概念类描述借阅者的信息，代表系统中存储的借阅者的信息，即借阅者在系统中的账户。同时，读者表又是图书借阅表的组成成分之一。

6）图书借阅表概念类

编号：D — 1 — 01

类名：图书借阅表

职责：存放图书馆的所有读者的借阅信息。

属性：图书代码，读者代码，借阅日期，还书日期。

说明：该概念类描述读者从图书馆借阅图书的借阅记录，该类的一个对象对应一个借阅者和一本图书。该类的对象的存在表示借阅者借阅了借阅记录中记载的图书。当图书被归还时，需要删除借阅记录。

14.5 系统分析说明书

系统分析的结果需要用系统分析说明书进行描述,由系统分析人员负责编写。下面给出系统分析说明书的简要提纲。

《图书管理系统系统分析说明书》

1. 前言

1.1 编写说明

1.2 背景

1.3 参考资料

2. 逻辑结构

2.1 说明

2.2 系统分析包结构

3. 用例分析

3.1 说明

3.2 用例分析

3.2.1 概念类

3.2.2 用例分析类图

3.2.3 用例分析交互图

4. 概念类字典

4.1 说明

4.2 概念类字典

5. 遗留问题

编写人:××××

编写日期:2023 年 3 月 6 日

14.6 本章小结

系统分析模型通过边界类、控制类、实体类实现用例的功能,对应于传统软件工程生命周期中的系统分析。系统分析是为了捕获和描述系统的所有需求,并建立一个系统问题域中的关键类的模型。系统分析的目的是为系统开发人员和建立系统需求的人员提供一个基础,让他们可以相互交流各自对系统的看法和理解,并达成一致意见。系统分析是通过与最终用户的协作完成的,不应受到技术方案或实现细节的限制,即分析人员可以不考虑程序设计问题,因为分析只是理解需求和实现系统的第一步。

第15章

Rose 逻辑视图
——设计模型

设计模型(Design Model)是在分析模型的基础上,综合考虑系统的实现环境、可靠性、安全性、适应性等非功能性需求,并把实现技术加入分析模型而得出的模型。因此,设计模型很容易转换为程序代码,并且它是对分析工作的展开和细化,即设计模型是在接近代码的抽象层次上描述系统。

在设计阶段,不仅要进一步细化分析阶段提取的类,还要增添一些类,以便处理诸如数据库、用户接口、通信技术等领域的问题。创建系统的设计模型的主要工作包括系统的平台设计、结构设计、详细设计、界面设计以及数据库设计等。

15.1 概述

设计模型是在分析模型的基础上把实现技术加入分析模型后对分析模型的展开和细化,是在最接近代码的抽象层次上描述系统。因此,展开和细化分析模型中的类、属性、操作、类之间的关联、关联基数等基本要素是设计模型的主要工作。

15.1.1 设计模型的主要工作

1. 软件平台设计

软件平台是系统开发和运行的环境。图书管理系统的开发和运行环境如下。

- 操作系统——图书管理系统可以运行在 Windows 95/98/2000/NT/XP/7/8/10 等桌面操作系统上。
- 支撑软件——是协助人们开发和维护软件的工具和环境软件。系统将使用 MySQL 8.0 数据库服务器和 mysql-connector-java-8.0.23JDBC 驱动程序。
- CASE 平台——可以保障系统的开发质量,提高开发效率,保证文档的一致性。系统的需求、分析、设计、实现和部署是在 Rose 建模环境下创建的,这就保障了能够清晰地表达不同开发阶段的系统模型。

2. 结构设计

结构设计是指把软件分成多个子系统,并确定由各个子系统及其接口构成的软件结构。子系统是对软件分解的一种中间形式,也是组织和描述软件的一种方法。由多个子系统构成系统软件,每个子系统又包括多个用例设计、设计类和接口。结构设计具体要做的工作是将系统划分成相对独立、功能完整的子系统(包),将系统模型中的元素划分到不同的包,说明在什么地方定义包、各个包之间的依赖性和主要通信机制,从而得到尽可能简单和清晰的结构,各部分之间的依赖关系应尽可能地少,并尽量减少双向依赖关系。

3. 详细设计与界面设计

详细设计是对软件结构中确定的各个子系统内部的设计,需要分析和确定每个子系统中的用例设计、设计类和接口。详细设计还要描述每个类的细节,并用动态模型描述类的实例在具体环境中的行为。

界面设计是对人和外部系统与系统之间的交互界面的设计,包括输入界面、输出界面和输入/输出界面的设计。另外,界面设计还涉及人机交互方式、人机交互流程、输入/输出设备和媒体等内容。

4. 数据库设计

数据库是系统存储和管理数据的主要技术手段,数据库设计的任务是根据给定的系统需求和系统环境设计合理的数据库结构。数据库设计可以分为概念设计、逻辑设计和物理设计 3 个阶段。基于 UML 的数据库设计是利用 UML 的扩展机制定义的一些版型,用于表示与数据库相关的一些概念。Rose 提供了对数据库设计的支持,设计的模型可以直接生成数据库中的表、触发器、存储过程等。

15.1.2　设计模型的概念

设计模型是对系统设计方案的抽象描述,具有简明、抽象和规范等特点。设计模型包括平台模型、结构模型、软件模型、界面模型和数据库模型等。其中,软件模型是设计模型的核心。

- 软件模型——由子系统、设计类、用例设计和接口等组成。系统中的大部分设计类和用例都在子系统中,但是对系统具有重要意义的少数用例设计和设计类也可能不包括在子系统中,而是直接属于软件系统。
- 子系统——软件模型中的一种抽象机制。软件模型由多个子系统组成,子系统本身又具有不同的抽象层次,处在高层的子系统包含多个子系统,低层子系统又包含设计类、用例设计和接口。

- 设计类——类在设计阶段对概念类的细化,也是对实现系统中的类的抽象。设计类描述类的属性、操作以及它们之间的关系,还要反映可见性、导航、操作的参数、主动性等特性。
- 用例设计——对用例分析的设计。主要包括用例的设计类图和交互图。设计类图可以追踪到分析类图以及设计的用例。交互图可以描述在实现一个用例的过程中各个设计类之间的消息联系过程。
- 接口——设计类或子系统对外能够提供的操作视图,其他的设计类或子系统通过接口与提供接口的设计类发生关系。

15.2　结构设计

一个良好的系统结构设计是系统可扩充和易于修改的基础。包是类的集合,类图中包括有助于用户从技术逻辑中分离的业务逻辑(领域类),从而减少了它们之间的相互依赖性。结构设计要开发出一个具有可扩展性的系统结构,并标识包及联系。

在图书管理系统中,系统结构视图由以下 4 个包组成,如图 15.1 所示。

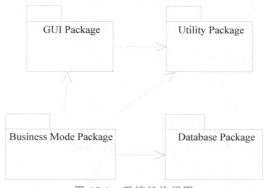

图 15.1　系统结构视图

- 图形用户界面包(GUI Package)——用于描述整个用户界面使用的类,这些类基于 Java AWT 包设计,AWT 包是 Java 语言中用于编写用户界面应用程序的一个标准库。用户界面包与业务模型包相互协作,调用业务模型包中的类实例的方法对图书信息进行检索和插入操作。
- 系统公共组件包(Utility Package):定义了可以被系统中其他包使用的服务。

- 业务模型包(Business Model Package)——包含分析阶段主要的类(借阅图书类、归还图书类、图书类、读者类、出版社类)。在设计阶段将进一步细化这些类,从而完整地定义它们的操作,并为它们增加永久性存储支持。业务模型包与数据库包相互协作,访问数据库中的数据。
- 数据库包(Database Package)——包含一些可以被系统中其他的包使用的服务。

15.3　详细设计与界面设计

　　详细设计要确定和描述新发现的类,包括用户界面包和数据库包中的类,以及在分析中没有涉及的业务模型对象类。类的定义更加详细,并且包括实现中的问题的具体解决方案。在详细设计中需要画出更详细的类图,加入所有新出现的类,用状态图标识每个类的状态,用顺序图或协作图描述每个用例的具体实现过程。

　　因为所有与用户的交互都是通过用户界面实现的,所以用户界面包在其他包的顶层为用户提供信息和支持。建立用户界面是设计阶段的一项特殊工作。用户界面包基于标准的 Java AWT 类库,使用这个类库可以通过 Java 语言编写用户界面程序,并且这个应用程序可以运行在所有 Java 平台上。Java AWT 类库中有不同类型的窗口类以及不同类型的界面组件。当用户产生诸如单击或按键这样的事件时,AWT 类库将负责对这些事件进行处理。

15.3.1　用例设计概述

　　用例设计有两方面的含义,一是用例设计的工作,二是用例设计的结果。定义一个用例设计需要做以下工作。

- 绘制设计类图——定义用例涉及的所有类以及它们之间的关系。在用例分析时,已经确定用例涉及的概念类,可以把这些概念类作为初步的设计类,然后根据设计的需要对初步设计类进行分解和调整,以成为最终的设计类,最后在类图中反映提取的设计类之间的关系。
- 绘制顺序图——为了实现用例,要在顺序图中反映各个对象之间的消息调用过程。

15.3.2　图书信息管理

1. 设计类图

　　"图书信息管理"是一个用例,在 14.4 节中"图书信息管理"用例提取的 3 个概念类的基础上,可以确定该用例有 3 个设计类——登录图书信息

（LoginBook）、修改图书信息（UpdateBook）、检索图书信息（SelectBook），其设计类图如图 15.2 所示。

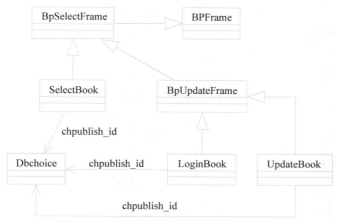

图 15.2　"图书信息管理"用例的设计类图

- BpFrame 类——属于用户界面包，定义系统检索与修改界面的框架。
- BpSelectFrame 类——属于用户界面包，继承 BpFrame 类，定义检索界面框架。
- BpUpdateFrame 类——属于用户界面包，继承 BpSelectFrame 类，定义系统修改界面框架。
- SelectBook 类——属于用户界面包，继承 BpSelectFrame 类，与 DbChoice 类相关联，显示图书信息检索功能。
- UpdateBook 类——属于业务模型包，继承 BpUpdateFrame 类，与 DbChoice 类相关联，实现图书信息修改功能。
- DbChoice 类——属于组件包，定义用于数据库操作的实例变量和方法。

2. 顺序图

为了实现用例的功能，每个用例要实现的功能应通过用例中各个类的对象的操作协作完成，这就需要在顺序图或协作图中反映各个对象之间的消息调用过程。"登录图书信息"用例的顺序图如图 15.3 所示。

3. 属性和方法设计

用例设计中识别出了大量的设计类，接下来就要详细地设计识别出来的每个设计类，以及设计类的属性和方法。属性设计应注意的问题有两个：一是补充属性分析时没有考虑属性，确定属性的全部内容，包括属性名、可见性、范围、类型、初始值；二是尽量采用系统所用的程序设计语言的语法规范描述属性。

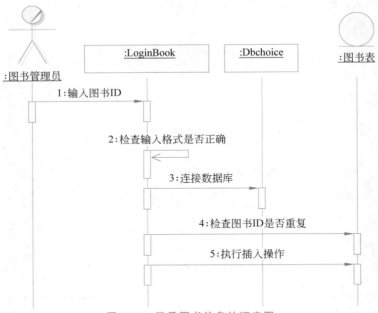

图 15.3　登录图书信息的顺序图

方法设计包括数据结构设计、算法设计和流程设计。方法设计要注意四点：一是要立足于所用的程序设计语言；二是所用的程序设计语言应能提供丰富的数据结构；三是根据实现的功能确定算法设计；四是可以用程序流程图或活动图描述流程设计的结果。

图 15.4 所示为添加了属性和方法的"图书信息管理"用例的设计类图。

LoginBook 类的属性和方法设计如下。

- sql 属性——定义执行插入操作的 SQL 命令字符串。
- chpublish_id 属性——定义出版社 ID。
- LoginBook( )方法——类的构造方法。其功能如下：一是调用 DBChoice 类的对象实例，以实现加载 JDBC 驱动程序、创建数据库连接等功能；二是提供添加图书信息界面。
- checkInsert( )方法——一是检查各输入项的输入格式是否正确；二是检查图书 ID 是否重复。
- makeInsertStmt( )方法——定义执行插入操作的 SQL 命令字符串。
- afterInsert( )方法——清空登录图书界面的各个输入项。

SelectBook 类的属性和方法的设计如下。

- sql 属性——定义执行插入操作的 SQL 命令字符串。

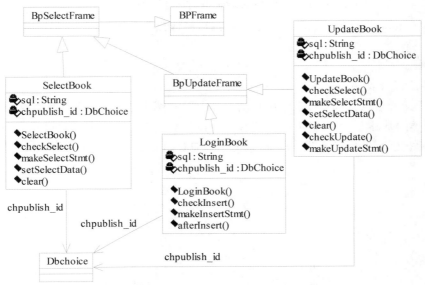

图 15.4　添加属性和方法后的"图书信息管理"的设计类图

- chpublish_id 属性——定义出版社 ID。
- SelectBook( )——类的构造方法。其功能如下：一是调用 DBChoice 类的对象实例，以实现加载 JDBC 驱动程序、创建数据库连接等功能；二是提供检索图书信息界面。
- checkSelect( )方法——检查是否输入了要检索的图书 ID。
- makeSelectStmt( )方法——定义执行检索操作的 SQL 命令字符串。
- setSelectData( )方法——显示检索图书的结果。
- clear( )方法——清空图书检索界面的各检索项。

UpdateBook 类的属性和方法的设计如下。

- sql 属性——定义执行插入操作的 SQL 命令字符串。
- chpublish_id 属性——定义出版社 ID。
- UpdateBook( )——类的构造方法。其功能如下：一是调用 DBChoice 类的对象实例，以实现加载 JDBC 驱动程序、创建数据库连接等功能；二是提供检索图书信息界面；三是提供图书修改功能。
- checkSelect( )方法——检查是否输入了要检索的图书 ID。
- makeSelectStmt( )方法——定义执行检索操作的 SQL 命令字符串。
- setSelectData( )方法——显示检索图书的结果。
- clear( )方法——清空图书检索界面的各检索项。

- checkUpdate( )——检查各修改项的修改格式是否正确。
- makeUpdateStmt( )——定义执行修改操作的 SQL 命令字符串。

15.3.3　读者信息管理

1. 设计类图

"读者信息管理"是一个用例,在 14.4 节中"图书信息管理"用例提取的 3 个概念类的基础上,可以确定该用例有 3 个设计类——登录图书信息(LoginBook)、修改图书信息(UpdateBook)、检索图书信息(SelectBook),其设计类图如图 15.2 所示。

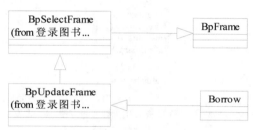

图 15.5　读者信息管理用例的设计类图

2. 顺序图

图 15.6 所示为读者 ID 不重复的情形下的"添加读者信息"用例的顺序图。

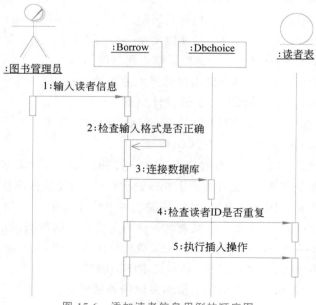

图 15.6　添加读者信息用例的顺序图

通过分析上述顺序图,可以得到图 15.7 所示的"读者信息管理"用例的设计类图。

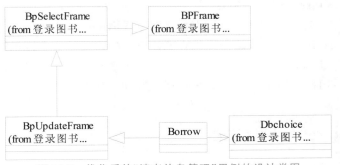

图 15.7　优化后的"读者信息管理"用例的设计类图

3. 属性与方法设计

图 15.8 所示为添加了属性和方法的"读者信息管理"用例的设计类图。

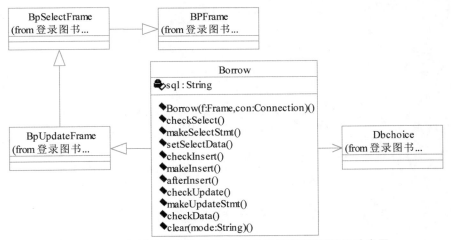

图 15.8　添加属性和方法后的"读者信息管理"用例的设计类图

Borrow 类的属性与方法的设计如下。

- sql 属性——定义执行插入操作的 SQL 命令字符串。
- Borrow( )方法——类的构造方法。其功能如下:一是调用 DbChoice 类的对象实例,以实现加载 JDBC 驱动程序、创建数据库连接等功能;二是提供添加、修改和检索读者信息的界面。
- checkSelect( )方法——检查是否输入了要检索的图书 ID。
- makeSelectStmt( )方法——定义执行检索操作的 SQL 命令字符串。

- setSelectData( )方法——显示检索图书的结果。
- checkInsert( )方法——检查是否可执行插入操作。
- makeInsertStmt( )方法——定义执行插入操作的 SQL 命令字符串。
- afterInsert( )方法——清空登录图书界面的各个输入项。
- checkUpdate( )方法——检查各修改项的修改格式是否正确。
- makeUpdateStmt( )方法——定义执行修改操作的 SQL 命令字符串。
- checkData( )方法——检查输入项的输入格式是否正确。
- clear( )方法——清空各文本框。

15.3.4　出版社信息管理

1. 设计类图

"出版社信息管理"是一个用例,可以用一个设计类 Publish 实现添加、修改、检索出版社信息这 3 个概念类,其设计类图如图 15.9 所示。

- Publish 类——属于业务模型包,继承了 BpUpdateFrame 类,可以实现出版社信息的添加、修改和检索功能。

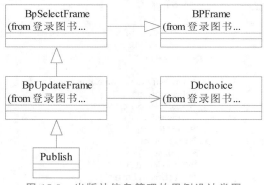

图 15.9　出版社信息管理的用例设计类图

2. 顺序图

图 15.10 所示为出版社 ID 不重复的情形下的"添加出版社信息"用例的顺序图。

3. 属性与方法设计

图 15.11 所示为添加了属性和方法的"出版社信息管理"用例的设计类图。Publish 类的属性与方法的设计如下。

- sql 属性——定义执行插入操作的 SQL 命令字符串。

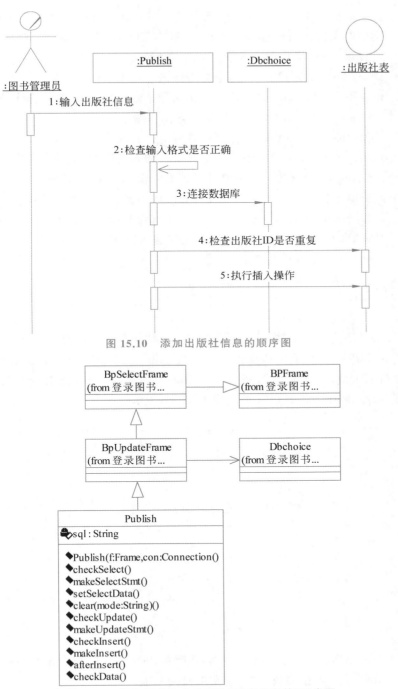

图 15.10　添加出版社信息的顺序图

图 15.11　添加属性和方法后的"读者信息管理"类图

- Borrow（ ）方法——类的构造方法。其功能如下：一是调用 DbChoice 类的对象实例，以实现加载 JDBC 驱动程序、创建数据库连接等功能；二是提供添加、修改和检索读者信息的界面。
- checkSelect（ ）方法——检查是否输入要检索的图书 ID。
- makeSelectStmt（ ）方法——定义执行检索操作的 SQL 命令字符串。
- setSelectData（ ）方法——显示检索图书的结果。
- checkInsert（ ）方法——检查是否可执行插入操作。
- makeInsertStmt（ ）方法——定义执行插入操作的 SQL 命令字符串。
- afterInsert（ ）方法——清空登录图书界面的各个输入项。
- checkUpdate（ ）方法——检查各修改项的修改格式是否正确。
- makeUpdateStmt（ ）方法——定义执行修改操作的 SQL 命令字符串。
- checkData（ ）方法——检查输入项的输入格式是否正确。
- clear（ ）方法——清空各文本框。

15.3.5　图书借还信息管理

1. 设计类图

　　"图书借还信息管理"是一个用例，在 14.4 节"图书信息管理"用例提取的 4 个概念类的基础上，可以确定该用例有 4 个设计类——借阅图书（BorrowBook）、归还图书（ReturnBook）、借出图书一览表（BorrowBookList）以及未按期归还图书一览表（OverdueList），其设计类图如图 15.12 所示。

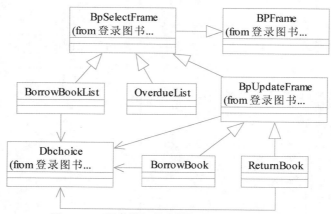

图 15.12　图书借还信息管理的用例设计类图

- BorrowBook 类——属于业务模型包，继承了 BpUpdateFrame 类，与 DbChoice 类相关联，实现了图书借阅功能。

- ReturnBook 类——属于业务模型包,继承了 UpdateFrame 类,与 DbChoice 类相关联,实现了图书归还功能。
- OverdueList 类——属于业务模型包,继承了 BpSelectFrame 类,与 DbChoice 类相关联,实现了显示未按期归还图书与读者清单的功能。

2. 顺序图

图 15.13 所示为读者 ID 与图书 ID 都存在的情形下的"借阅图书"用例的顺序图。

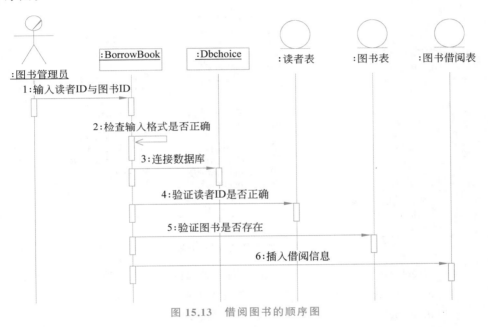

图 15.13　借阅图书的顺序图

3. 属性与方法设计

图 15.14 所示为添加了属性和方法的"图书借还信息管理"用例的设计类图。

BorrowBook 类的属性与方法的设计如下。

- sql 属性——定义执行插入操作的 SQL 命令字符串。
- BorrowBook( )方法——类的构造方法。其功能如下:一是调用 DbChoice 类的对象实例,以实现加载 JDBC 驱动程序、创建数据库连接等功能;二是提供图书借阅信息的界面。
- checkInsert( )方法——检查是否可执行插入操作。
- makeSelectStmt( )方法——定义执行插入操作的 SQL 命令字符串。

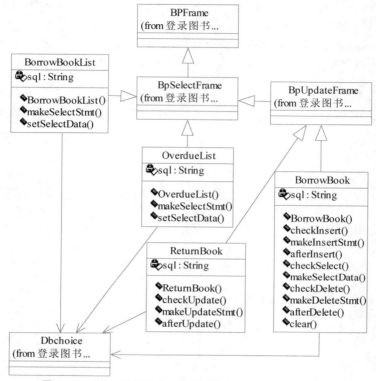

图 15.14   添加属性和方法后的"图书借还信息管理"类图

- afterInsert( )方法——清空借阅图书界面的各个输入项。
- checkSelect( )方法——检查是否输入了读者 ID 和图书 ID。
- makeSelectStmt( )方法——显示检索结果。
- checkDelete( )方法——检查是否可执行删除操作。
- makeDeketeStmt( )方法——定义执行删除操作的 SQL 命令字符串。
- afterDelete( )方法——清空删除操作后的各输入项。
- clear( )方法——清空各文本框。

ReturnBook 类的属性与方法的设计如下。

- sql 属性——定义执行插入操作的 SQL 命令字符串。
- ReturnBook( )方法——类的构造方法。其功能如下：一是调用 DbChoice 类的对象实例，以实现加载 JDBC 驱动程序、创建数据库连接等功能；二是提供图书归还信息的界面。
- checkUpdate( )方法——检查各修改项的修改格式是否正确。

- makeUpdateStmt( )方法——定义执行修改操作的 SQL 命令字符串。
- afterUpdate( )方法——清空归还图书界面的各个输入项。

BorrowBookList 类的属性与方法的设计如下。

- sql 属性——定义执行插入操作的 SQL 命令字符串。
- BorrowBook( )方法——类的构造方法。其功能如下：一是调用 DbChoice 类的对象实例，以实现加载 JDBC 驱动程序、创建数据库连接等功能；二是提供借出图书信息一览表的界面。
- makeSelectStmt( )方法——定义执行检索操作的 SQL 命令字符串。
- setSelectData( )方法——显示检索结果。

OverdueList 类的属性与方法的设计如下。

- sql 属性——定义执行插入操作的 SQL 命令字符串。
- OverdueList( )方法——类的构造方法。其功能如下：一是调用 DbChoice 类的对象实例，以实现加载 JDBC 驱动程序、创建数据库连接等功能；二是提供未按期归还图书信息一览表的界面。
- makeSelectStmt( )方法——定义执行检索操作的 SQL 命令字符串。
- setSelectData( )方法——显示检索结果。

15.3.6　组件包设计

组件包包含被所有其他包使用的通用组件。图书管理系统的组件包由 Const、DbChoice、BpUtil 三个类组成，它们定义了系统所有其他类使用的公共变量与公共方法。另外，IconCanvas（加载系统界面使用的图标）、MsDialog（信息显示对话框）、SQLExceptionDialog（显示数据库异常信息对话框）3 个类也被系统所有其他类共同使用。

1. Const 类

Const 类定义了系统使用的公共名称等变量，其类图如图 15.15 所示。

图 15.15　Const 类的类图

2. BpUtil 类

BpUtil 类定义了系统使用的公共方法,其类图如图 15.16 所示。

BpUtil 类的方法设计如下。

- repeateString( )方法——返回指定个数的字符串对象。
- Varchar2text( )方法——返回按照指定长度调整的字符串对象。
- setComp( )方法——在组件上按照 GirdBagConstrains 布局配置 Panel。
- checkWarning( )方法——检查数据库连接操作是否出现异常。
- isNumeric( )方法——验证字符串能否转换为数值。
- getToday( )方法——以 YYYY/MM/DD 的格式返回今日的日期。
- setToday( )方法——返回以今日为基点的 YYYY/MM/DD 格式的日期。
- isYMD( )方法——验证能否识别 YYYY/MM/DD 格式的字符串。
- getRowCount( )方法——求数据表中满足条件的记录数。
- convYMD( )方法——将 java.util.Date 类型的数据转换为 YYYY/MM/DD 格式。

3. DbChoice 类

DbChoice 类定义了系统用于数据库操作的实例变量与方法,其类图如图 15.17 所示。

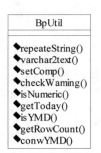

图 15.16   BpUtil 类的类图

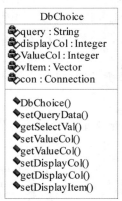

图 15.17   DbChoice 类的类图

DbChoice 类的属性和方法设计如下。

- sql 属性——定义执行插入操作的 SQL 命令字符串。
- query( )属性——定义用于 Select 语句的实例变量。
- display 属性——定义用于检索结果的列数。

- valueCol 属性——定义方法 getSelectVal( )返回值的列数。
- vItem 属性——定义用于保存方法 getSelectVal( )返回值的 Vectoe。
- DbChoice( )方法——构造方法,用于初始化实例变量。
- setQueryData( )方法——执行检索操作。
- getSelectVal( )方法——返回检索结果。
- setValueCol( )方法——设置列的值。
- getValueCol( )方法——返回列的值。
- setDisplayCol( )方法——设置显示列的值。
- getDisplayCol( )方法——返回显示列的值。
- setDisplayItem( )方法——设置显示项的列的值。

4. IconCanvas 类

IconCanvas 类用于加载系统界面使用的图标,其类图如图 15.18 所示。
DbChoice 类的属性和方法设计如下。

- IconCanvas( )方法——构造方法,用于加载图像文件。
- paint( )方法——用于显示图像文件。

5. MsgDialog 类

MsgDialog 类用于显示系统界面使用的信息对话框,其类图如图 15.19
所示。

图 15.18　IconCanvas 类的类图　　　图 15.19　MsgDialog 类的类图

MsgDialog 类的方法设计如下。

- MsgDialog( )方法——构造方法,用于生成信息显示区域,定义信息对
  话框的标题、布局管理器等功能。
- actionPerformed( )方法——用于处理发生的事件。

6. SQLExceptionDialog 类

SQLExceptionDialog 类定义了用于显示数据库异常信息的对话框,其类图
如图 15.20 所示。

SQLExceptionDialog 类的属性和方法设计如下。

- SQLExceptionDialog( )方法——构造方法,用于定义发生的 SQL 异常。
- actionPerformed( )方法——用于处理发生的事件。

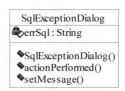

图 15.20　SQLExceptionDialog 类的类图

- setMessage( )方法——用于显示发生的异常信息。

15.3.7　系统管理的设计

系统管理由 Bookplate 和 loginDialog 两个类组成,Bookplate 类用于显示系统的主功能界面,LoginDialog 类用于显示用户登录对话框。Bookplate 类与 LoginDialog 类存在单向关联的关系,即 Bookplate 类中定义的实例变量可以调用 LoginDialog 类的构造方法,以实现系统登录界面的显示,描述两者之间关系的类图如图 15.21 所示。

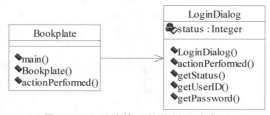

图 15.21　系统管理的用例设计类图

Bookplate 类的方法设计如下。

- main( )方法——系统执行的入口,用于显示系统的主功能界面。
- Bookplate( )方法——构造方法,用于设置系统 Frame、标题、菜单、按钮布局、标签等系统组件。
- actionPerformed( )方法——当单击各功能按钮时,将分别调用各个子功能系统,同时实现生成、显示和隐藏对应框架的功能。

LoginDialog 类的方法设计如下。

- LoginDialog( )方法——构造方法,用于设置用户登录对话框界面的标题、显示信息区域、设置标签和文本域、生成按钮等功能。
- actionPerformed( )方法——当单击各功能按钮时,将处理触发的事件。
- getStatus( )方法——返回按钮的状态值。
- getUserID( )方法——返回用户的 ID。
- getPassword( )方法——返回用户的密码。

15.4　数据库设计

　　图书管理系统的实现必须具有持久性存储对象,即数据库的支持,系统结构设计中的数据层应提供这种服务。图 14.27 描述了系统实体类之间的关系,图 15.22 描述了添加属性的持久型类之间的关系。可以看出,系统的程序主体包含的数据对象有 BookInfo(图书)、PublishInfo(出版社)、ReaderInfo(读者)和BorrowInfo(借还)。同时,还要把类图中的每个类转换为一个关系,类的属性作为关系的属性,在转换时还要在关系模式中反映类与类之间的关系。

　　图书管理系统的数据库 bookplate 通过 MySQL 数据库(第 16 章将详细介绍)创建。由图 15.22 所示的系统持久型类之间的关系可以得到系统数据库由图书表 BookInfo(表 15.1)、出版社表 PublishInfo(表 15.2)、读者表 ReaderInfo(表 15.3)以及图书借还表 BorrowInfo(表 15.4)这 4 个表组成。

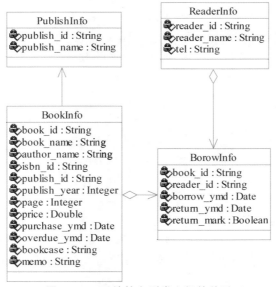

图 15.22　系统持久型类之间的关系

表 15.1　图书表(BookInfo)

字段名	数据类型	长度	中文说明	备　　注
book_id	文本	6	图书代码	主键
book_name	文本	50	图书名称	

续表

字段名	数据类型	长度	中文说明	备　注
author_name	文本	30	编著者	
isbn_id	文本	13	ISBN 代码	
publish_id	文本	9	出版社代码	
publish_year	数字	整数	出版年份	输入格式：yyyy
page	数字	整数	页数	
price	数字	长整数	价格	
purchase_ymd	日期		购入日期	输入格式：yyyy/mm/dd
overdue_ymd	日期		过期日期	输入格式：yyyy/mm/dd
bookcase	文本	5	书架代码	存放图书的书架代码
memo	文本	50	备注	图书的简要介绍

表 15.2　出版社表（PublishInfo）

字段名	数据类型	长度	中文说明	备　注
publish_id	文本	9	出版社代码	主键
publish_name	文本	30	出版社名	

表 15.3　读者表（ReaderInfo）

字段名	数据类型	长度	中文说明	备　注
reader_id	文本	8	读者代码	主键
reader_name	文本	20	读者名	
tel	文本	11	联系电话	

表 15.4　图书借阅表（BorrowInfo）

字段名	数据类型	长度	中文说明	备　注
book_id	文本	6	图书代码	主键
reader_id	文本	8	读者代码	
borrow_ymd	日期		借书日期	输入格式：yyyy/mm/dd
Return_ymd	日期		还书日期	输入格式：yyyy/mm/dd
Return_mark	文本	1	还书标志位	'Y'：归还；'N'：未归还

15.5　系统设计文档

系统设计说明书描述了系统设计的结果,下面给出简要编写提纲。

《图书管理系统设计说明书》

1. 前言

　1.1　目的

　1.2　背景

　1.3　参考资料

2. 系统结构设计

3. 详细设计

　3.1　概述

　3.2　用例设计

　　3.2.1　用例 1 设计

　　3.2.2　用例 2 设计

　3.3　类设计

　　3.3.1　类 1 设计

　　3.3.2　类 2 设计

4. 界面设计

　4.1　概述

　4.2　输入设计

　4.3　输出设计

　4.4　界面设计

5. 数据库设计

　5.1　概述

　5.2　概念设计

　5.3　逻辑设计

　5.4　物理设计

6. 系统遗留问题

编写人:×××

编写日期:2023-03-06

15.6　本章小结

在系统设计阶段,软件工程中有关软件设计的原理、方法、技术和过程将起到关键作用。系统设计的任务是实现系统需求模型规定的功能和性能要求,这就要充分考虑系统的实现环境,通过对系统分析模型的综合分析和细化确定系统的设计模型。与系统分析相比,系统设计具有以下特点。

- 设计性——设计与分析不同,设计是根据系统的要求得出系统实现的方案,所以系统设计是根据需求确定系统方案的过程。
- 具体化——相对于系统分析的概念性而言,系统设计不能停留在概念层次上,必须具体化、详细化。
- 复杂性——系统设计涉及具体细节,工作量要比系统分析大许多倍,设计人员必须认真对待。
- 往复性——一个成熟的设计方案并非能够以此完成,而是要经过多次的迭代才能够完成。

Chapter 16
第16章　MySQL 数据库概述

由于本书的综合案例采用了 MySQL 作为"图书管理系统"的后台数据库系统，所以本章将对 MySQL 的安装、配置、基本使用方法等内容做概括性介绍。

16.1　MySQL 简介

MySQL 数据库是一种开放源代码的关系数据库管理系统，由瑞典的 MySQL AB 公司开发，后被 Oracle 公司收购。MySQL 以客户-服务器模式实现，支持多用户、多线程。MySQL 社区版是开源的，任何人都可以获得该数据库的源代码并修正其缺陷。MySQL 是一个轻量级数据库，由于其体积小、速度快、成本低，尤其是开放源代码这一特点，所以成为许多中小型网站的首选。

16.2　MySQL 的技术优点

- MySQL 是免费的，并且它的技术支持也很全面。
- MySQL 的效率与速度胜过大多数竞争对手。
- MySQL 提供了开发人员所需的绝大多数功能。
- 可移植，MySQL 可以在绝大多数操作系统中运行，易于使用和管理。

16.3　MySQL 的下载、安装与配置

1. 下载 MySQL

（1）搭建 MySQL 数据库环境之前，首先要获取 MySQL 安装包。MySQL 官方下载网址为 https://dev.mysql.com/downloads/mysql/。访问这个网站，则将显示图 16.1 所示的下载页面。

（2）操作系统选择 Microsoft Windows，单击 Go to Download Page 按钮，则

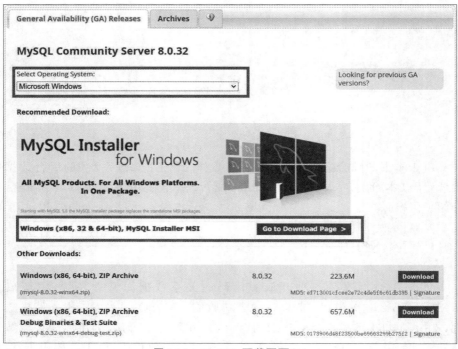

图 16.1   MySQL 下载页面（1）

将跳转到 MySQL 安装包下载页面，如图 16.2 所示。

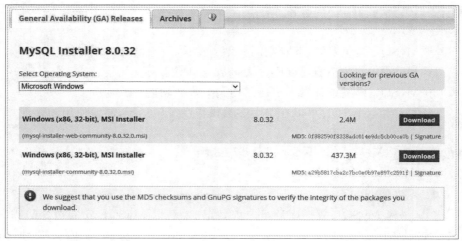

图 16.2   MySQL 下载页面（2）

（3）MySQL 官网默认显示的是最新版本的安装包，mysql-installer-web-community 是联网安装版本，安装时必须访问互联网，mysql-installer-community 是离线安装版本，安装时无须联网，这里下载离线安装版本。如需选择 MySQL 的其他版本，可以单击图 16.2 中的 Archives 选项卡，打开归档版本页面，即可选择指定版本的 MySQL 进行下载。

（4）单击 Download 按钮后将跳转到登录页面，此处单击 No thanks，just start my download.链接即可直接进行下载，如图 16.3 所示。

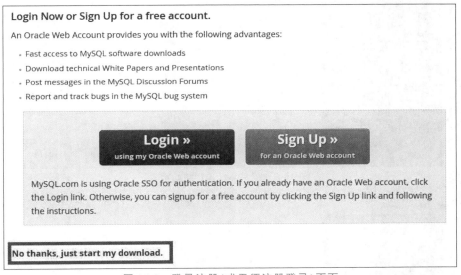

图 16.3　登录注册（或无须注册登录）页面

（5）下载完成后，本地安装包如图 16.4 所示。

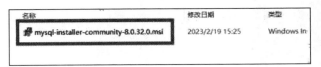

图 16.4　下载完成的安装包

2. 安装 MySQL

（1）双击安装包进行 MySQL 的安装。安装类型选择 Server only，即只安装 MySQL 服务器产品，如图 16.5 所示。

（2）单击 Next 按钮，进入 MySQL 安装界面，如图 16.6 所示。

（3）单击 Execute 按钮，则将执行安装工作。如图 16.7 所示，安装过程中会显示安装进度。

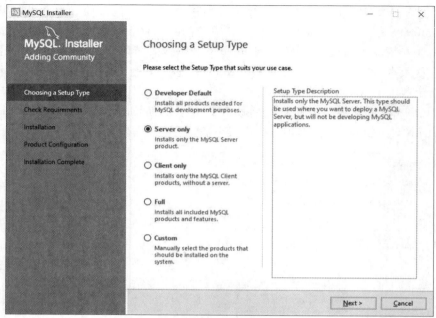

图 16.5　安装 MySQL 初始界面

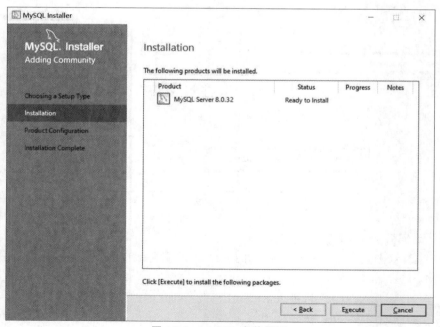

图 16.6　MySQL 安装界面

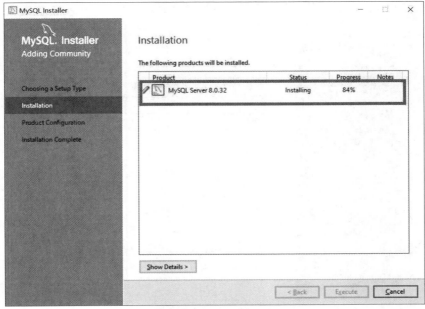

图 16.7　MySQL 的安装进度界面

（4）当 Status 变为 Complete 时，表示安装完成，如图 16.8 所示。

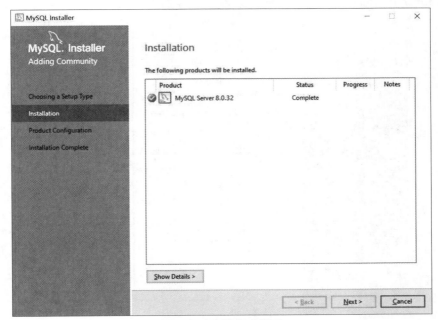

图 16.8　安装完成界面

（5）单击 Next 按钮，则将进入产品配置界面，如图 16.9 所示。

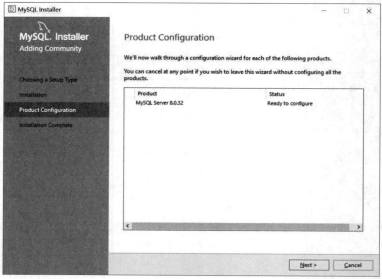

图 16.9　产品配置界面

（6）单击 Next 按钮，则将进入 Type and Networking 配置界面，MySQL 服务的默认开启端口是 3306，如果需要修改服务端口，可以修改 Port 的值，通常不建议修改。

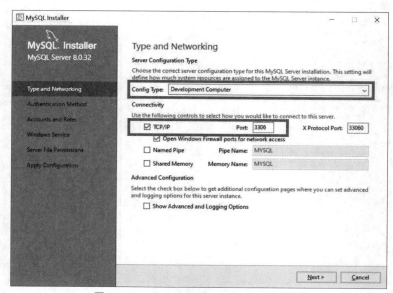

图 16.10　Type and Networking 配置界面

（7）单击 Next 按钮，则将进入 Authentication Method 配置界面，如图 16.11 所示。这里使用默认的配置即可。

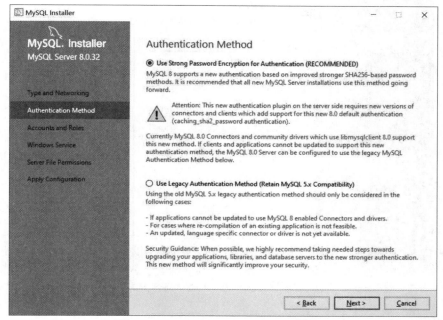

图 16.11　Authentication Method 配置界面

（8）单击 Next 按钮，则将进入 Account and Roles 配置界面。输入 root 用户的密码，root 用户是 MySQL 数据库的超级管理员账号。密码一定要记住，后续登录 MySQL 数据库时还需要使用。

（9）单击 Next 按钮，则将进入 Windows Service 配置界面，如图 16.12 所示。将 MySQL 服务注册为 Windows 操作系统的服务，服务名默认为 MySQL80，可在操作系统的"服务"界面对该服务进行启动和停止等操作。

（10）单击 Next 按钮，则将进入 Server File Permissions 配置界面，如图 16.13 所示。这里保持默认配置即可。

（11）单击 Next 按钮，则将进入 Apply Configuration 配置界面，如图 16.14 所示。单击 Execute 按钮即可完成配置工作。

（12）配置完成之后，则将进入图 16.15 所示的界面。单击 Finish 按钮，则将完成 MySQL 的配置，如图 16.16 所示。

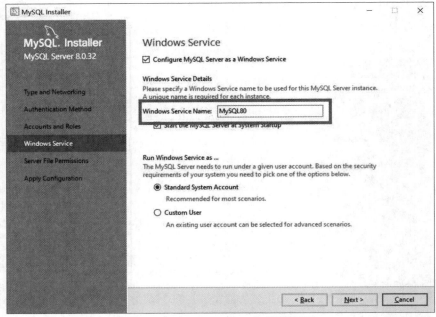

图 16.12 Windows Service 配置界面

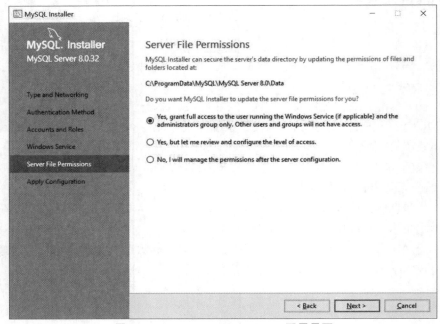

图 16.13 Server File Permissions 配置界面

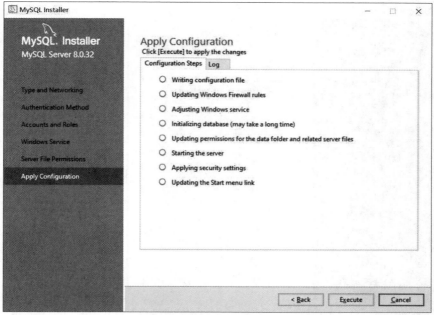

图 16.14　Apply Configuration 配置界面

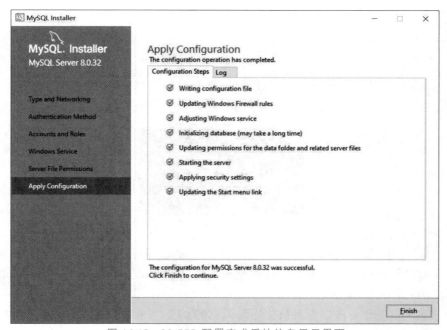

图 16.15　MySQL 配置完成后的信息显示界面

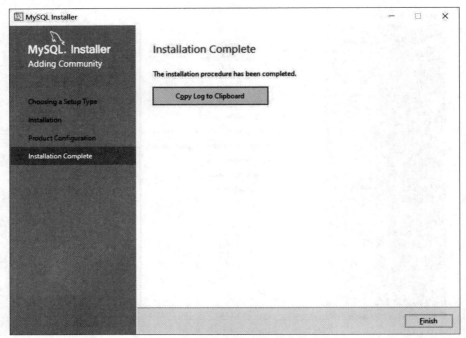

图 16.16　MySQL 安装与配置完成界面

16.4　访问 MySQL 数据库

MySQL 数据库系统安装完成之后,将会在 Windows 操作系统的"开始"菜单中自动生成一系列操作命令,如图 16.17 所示。

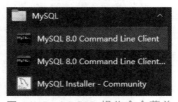

图 16.17　MySQL 操作命令菜单

单击 MySQL 8.0 Command Line Client 命令,则将进入 MySQL 数据库服务器的操作环境。输入安装时设置的密码后,就可以进入 MySQL 数据库操作环境,如图 16.18 所示。

输入以下命令可以查看数据库编码,如图 16.19 所示。

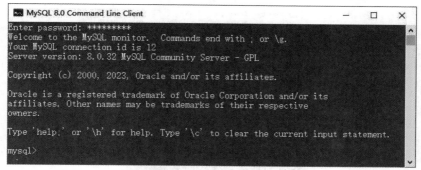

图 16.18　MySQL 服务器操作环境

```
show variables like "%chara%";
```

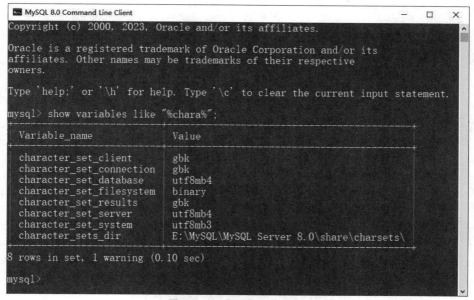

图 16.19　查看数据库编码

输入以下命令可以查看已经存在的数据库，如图 16.20 所示。

```
show databases;
```

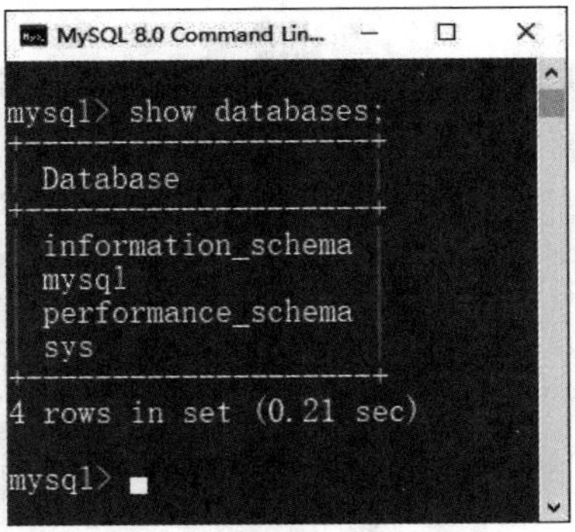

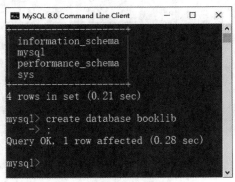

图 16.20   查看已经存在的数据库

16.5   创建数据库与数据表

创建数据库的命令如下。

```
create database <数据库名>;
```

以创建"图书管理系统"的数据库 booklib 为例，运行结果如图 16.21 所示。

```
create database booklib;
```

图 16.21   创建数据库 booklib

如果需要切换数据库，则可以使用以下命令，如图 16.22 所示。

```
use  <数据库名>;
```

如果需要创建数据表，则可以使用以下命令。

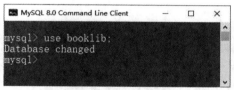

图 16.22　切换数据库

```
create table <表名>(字段列表);
```

下面将创建"图书管理系统"的数据库 booklib 中的数据表。

创建图书表 bookinfo 的命令如下。

```
mysql>create table bookinfo(book_id char(6) primary key, book_name
char(50), author_name char(30), isbn_id char(13), publish_id char(9),
publish_year int, page int, price int, purchase_ymd datetime, overdue_
ymd datetime, bookcase char(5), memo varchar(50));
```

如果要显示已经创建的数据表，则可以使用图 16.23 所示的命令。

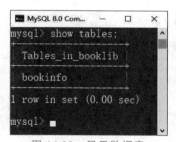

图 16.23　显示数据表

如果要查看创建的数据表的结构，则可以使用图 16.24 所示的命令。

创建出版社表的 SQL 命令如下。

```
create table publishinfo(publish_id char(9) primary key,publish_name
char(30) not null);
```

如果要查看创建的数据表的结构，则可以使用图 16.25 所示的命令。

创建读者表的 SQL 命令如下。

```
create table readerinfo(reader_id char(8) primary key,reader_name
char(20),tel char(11));
```

```
MySQL 8.0 Command Line Client

mysql> desc bookinfo;
+---------------+-------------+------+-----+---------+-------+
| Field         | Type        | Null | Key | Default | Extra |
+---------------+-------------+------+-----+---------+-------+
| book_id       | char(6)     | NO   | PRI | NULL    |       |
| book_name     | char(50)    | YES  |     | NULL    |       |
| author_name   | char(30)    | YES  |     | NULL    |       |
| isbn_id       | char(13)    | YES  |     | NULL    |       |
| publish_id    | char(9)     | YES  |     | NULL    |       |
| publish_year  | int         | YES  |     | NULL    |       |
| page          | int         | YES  |     | NULL    |       |
| price         | int         | YES  |     | NULL    |       |
| purchase_ymd  | datetime    | YES  |     | NULL    |       |
| overdue_ymd   | datetime    | YES  |     | NULL    |       |
| bookcase      | char(5)     | YES  |     | NULL    |       |
| memo          | varchar(50) | YES  |     | NULL    |       |
+---------------+-------------+------+-----+---------+-------+
12 rows in set (0.00 sec)

mysql>
```

图 16.24 显示数据表结构(1)

```
MySQL 8.0 Command Line Client

mysql> desc publishinfo;
+--------------+----------+------+-----+---------+-------+
| Field        | Type     | Null | Key | Default | Extra |
+--------------+----------+------+-----+---------+-------+
| publish_id   | char(9)  | NO   | PRI | NULL    |       |
| publish_name | char(30) | NO   |     | NULL    |       |
+--------------+----------+------+-----+---------+-------+
2 rows in set (0.00 sec)

mysql>
```

图 16.25 显示数据表结构(2)

如果要查看创建的数据表的结构,则可以使用图 16.26 所示的命令。

```
MySQL 8.0 Command Line Client
mysql> desc readerinfo;
+-------------+----------+------+-----+---------+-------+
| Field       | Type     | Null | Key | Default | Extra |
+-------------+----------+------+-----+---------+-------+
| reader_id   | char(8)  | NO   | PRI | NULL    |       |
| reader_name | char(20) | YES  |     | NULL    |       |
| tel         | char(11) | YES  |     | NULL    |       |
+-------------+----------+------+-----+---------+-------+
3 rows in set (0.00 sec)

mysql>
```

图 16.26 显示数据表结构(3)

创建图书借阅表的 SQL 命令如下。

```
create table borrowinfo(book_id char(6) primary key,reader_id char
(8),borrow_ymd date,return_ymd date,return_mark char(1));
```

如果要查看创建的数据表的结构,则可以使用图 16.27 所示的命令。

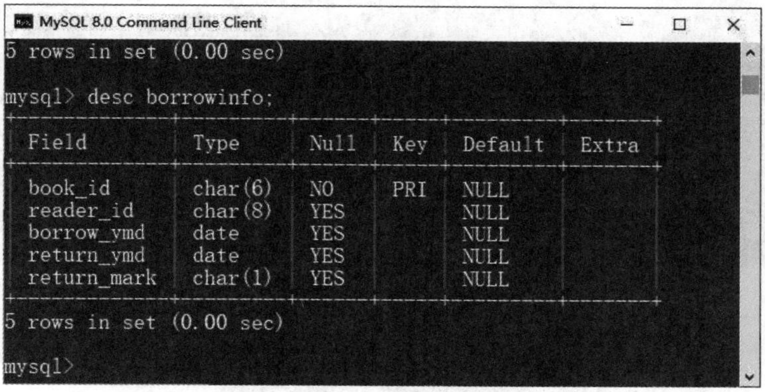

```
MySQL 8.0 Command Line Client
5 rows in set (0.00 sec)

mysql> desc borrowinfo;
+-------------+---------+------+-----+---------+-------+
| Field       | Type    | Null | Key | Default | Extra |
+-------------+---------+------+-----+---------+-------+
| book_id     | char(6) | NO   | PRI | NULL    |       |
| reader_id   | char(8) | YES  |     | NULL    |       |
| borrow_ymd  | date    | YES  |     | NULL    |       |
| return_ymd  | date    | YES  |     | NULL    |       |
| return_mark | char(1) | YES  |     | NULL    |       |
+-------------+---------+------+-----+---------+-------+
5 rows in set (0.00 sec)

mysql>
```

图 16.27　显示数据表结构(4)

16.6　更新、查询数据表等操作命令

1. 插入记录

以下命令用于向数据表中插入一条记录。

```
insert into <表名>(字段列表) values(值列表);
```

1）出版社表

向出版社表插入图 16.28 所示的数据。

2）读者表

向读者表插入图 16.29 所示的数据。

3）图书表

向图书表插入图 16.30 所示的数据。

2. 查询记录

查询数据表中记录的命令如下。

```
select  <字段列表>  from <表名>;
```

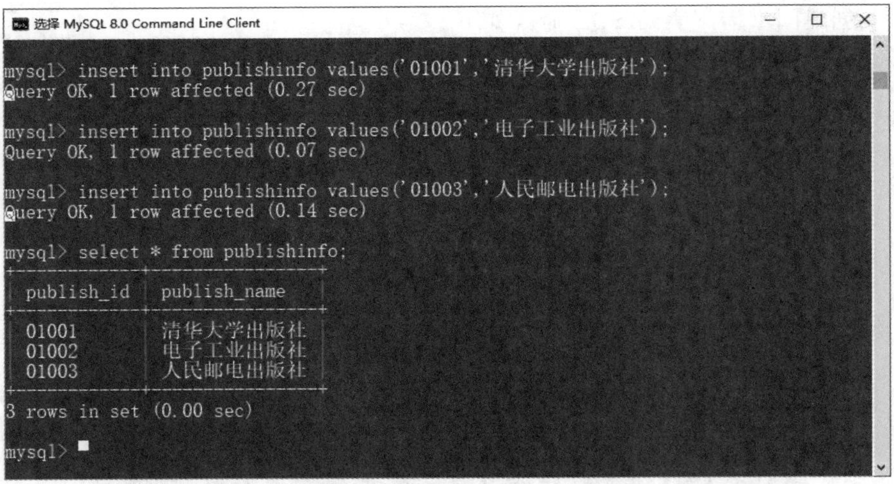

图 16.28   向出版社表插入数据

图 16.29   向读者表插入数据

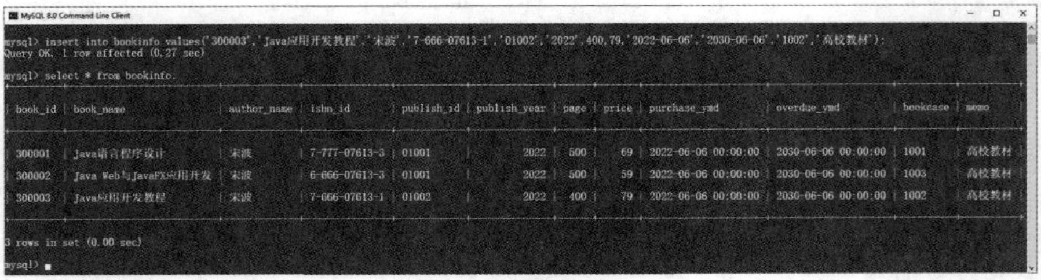

图 16.30   向图书表插入数据

3. 更新记录

更新数据表中记录的命令如下,其示例如图 16.31 所示。

```
update <表名> set <字段名>=<值>;
```

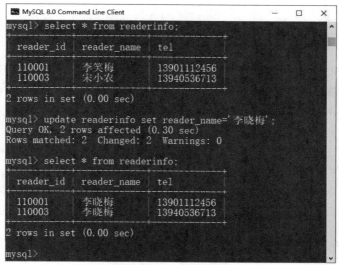

图 16.31　更新记录示例

4. 删除记录

删除数据表中记录的命令如下。

```
delete from <数据表名> [where 条件表达式];
```

删除记录的示例如图 16.32 所示。

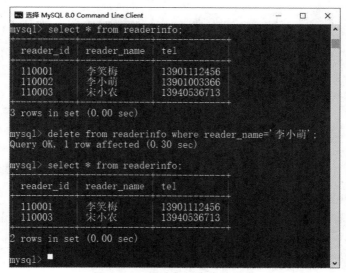

图 16.32　删除数据表中的记录

16.7　导出 MySQL 数据库中的数据表

在 MySQL 数据库中创建数据表之后，也可以在命令行窗口通过一些命令将创建的数据表导出。首先进入 MySQL 数据库的安装目录，然后在命令行窗口中输入如下命令：

```
E:>cd E:\MySQL\MySQL Server 8.0\bin
E:>mysqldump -u 用户名 -p 密码 数据库名 >E:SongBo.sql
```

上述命令执行完成后，就可以将在 MySQL 数据库中创建的数据表导出，其文件的部分内容如下。

```
-- MySQL dump 10.13  Distrib 8.0.32, for Win64 (x86_64)
---- Host: localhost    Database: booklib -- ------------------
-- Server version  8.0.32
/* !40101 SET @OLD_CHARACTER_SET_CLIENT=@@CHARACTER_SET_CLIENT * /;
/* !40101 SET @OLD_CHARACTER_SET_RESULTS=@@CHARACTER_SET_
RESULTS * /;
/* !40101 SET @OLD_COLLATION_CONNECTION=@@COLLATION_CONNECTION * /;
/* !50503 SET NAMES utf8mb4 * /;
/* !40103 SET @OLD_TIME_ZONE=@@TIME_ZONE * /;
/* !40103 SET TIME_ZONE='+00:00' * /;
/* !40014 SET @OLD_UNIQUE_CHECKS=@@UNIQUE_CHECKS, UNIQUE_CHECKS=
0 * /;
/* !40014 SET @OLD_FOREIGN_KEY_CHECKS=@@FOREIGN_KEY_CHECKS, FOREIGN_
KEY_CHECKS=0 * /;
/* !40101 SET @OLD_SQL_MODE=@@SQL_MODE, SQL_MODE='NO_AUTO_VALUE_ON_
ZERO' * /;
/* !40111 SET @OLD_SQL_NOTES=@@SQL_NOTES, SQL_NOTES=0 * /;
--
-- Table structure for table 'bookinfo'
--
DROP TABLE IF EXISTS 'bookinfo';
/* !40101 SET @saved_cs_client= @@character_set_client * /;
/* !50503 SET character_set_client = utf8mb4 * /;
CREATE TABLE 'bookinfo' (
  'book_id' char(6) NOT NULL,
  'book_name' char(50) DEFAULT NULL,
  'author_name' char(30) DEFAULT NULL,
  'isbn_id' char(13) DEFAULT NULL,
  'publish_id' char(9) DEFAULT NULL,
  'publish_year' int DEFAULT NULL,
```

```
'page' int DEFAULT NULL,
'price' int DEFAULT NULL,
'purchase_ymd' datetime DEFAULT NULL,
'overdue_ymd' datetime DEFAULT NULL,
'bookcase' char(5) DEFAULT NULL,
'memo' varchar(50) DEFAULT NULL,
PRIMARY KEY ('book_id')
) ENGINE= InnoDB DEFAULT CHARSET=utf8mb4 COLLATE=utf8mb4_0900_ai_ci;
/* !40101 SET character_set_client = @saved_cs_client * /;
...
```

16.8　基于 JDBC 访问 MySQL 数据库

JDBC 是一种可用于执行 SQL 语句的 Java API。JDBC 由一些 Java 语言编写的类和接口组成。JDBC 为数据库应用开发人员、数据库前台工具开发人员提供了标准的应用程序设计接口,使开发人员可以用纯 Java 语言编写完整的数据库应用程序。

1. 下载 MySQL 数据库 JDBC 驱动程序

MySQL 提供了 JDBC 驱动包,默认显示最新的 JDBC 驱动包,驱动采用向下兼容模式,如果需要下载历史版本,可以通过 Archives 选项卡打开归档版本界面下载对应版本,JDBC 驱动程序的下载网址是 https://dev.mysql.com/downloads/connector/j/。其中,在 Select Operating System 下拉列表中选择 Platform Independent 选项,选择 ZIP 格式进行下载,如图 16.33 所示。

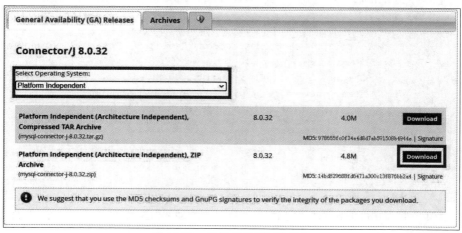

图 16.33　下载 JDBC 驱动程序

下载后的文件如图 16.34 所示。

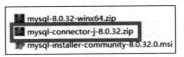

图 16.34　MySQL 的 JDBC 驱动程序

解压缩文件后即可得到 JDBC 驱动包——mysql-connector-j-8.0.32.zip。

2. 编写 JDBC 应用程序

JDBC 应用程序的代码如下。

```java
package booklib;
import java.sql.Connection;
import java.sql.DriverManager;
import java.sql.ResultSet;
import java.sql.Statement;
public class DBDemo {
    public static void main(String[ ] args) throws Exception {
        //此处是数据库用户名和密码
        String password = "lxm630926";
        String user = "root";
        //数据库连接字符串
        String url = "jdbc:mysql://localhost:3306/booklib? useSSL=
false&serverTimezone=UTC&allowPublicKeyRetrieval=true";
        //加载 MySQL 驱动
        Class.forName("com.mysql.cj.jdbc.Driver");
        //创建数据库连接对象
        Connection conn = DriverManager.getConnection(url,user,
password);
        Statement stmt = conn.createStatement();
        ResultSet rs = stmt.executeQuery("select * from publishinfo");
        while(rs.next()) {
            String id = rs.getString("publish_id");
            String name = rs.getString("publish_name");
            System.out.println("id:"+id+",name:"+name);
        }
    }
}
```

3. 在 DOS 环境下编译 Java 类

（1）将 DBDemo.java 文件与 JDBC 驱动程序保存在同一个文件夹
booklib 中。

（2）在 Windows 的系统环境变量 Classpath 中设置 MySQL 数据库的 JDBC 驱动程序，如图 16.35 所示。

图 16.35　Classpath 的设置

（3）在命令行窗口中执行 javac 编译命令。

```
E:\bookLib>javac -cp mysql-connector-j-8.0.32.jar -d . DBDemo.java
```

（4）运行 Java 程序，运行结果如图 16.36 所示。

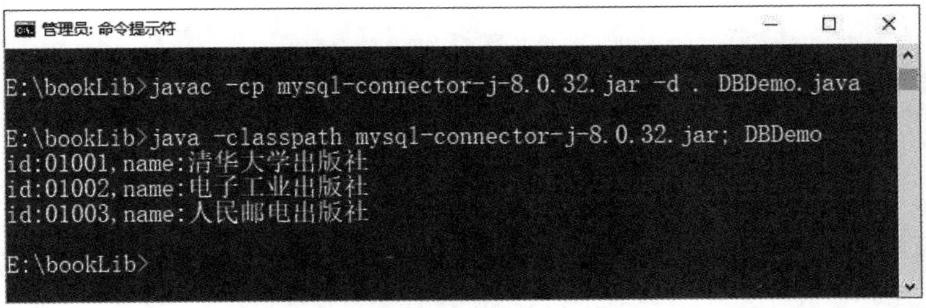

图 16.36　Java 程序的运行结果

16.9　本章小结

　　本章介绍了 MySQL 的安装、配置、基本使用方法等内容。由于本书的综合案例采用 MySQL 作为"图书管理系统"的后台数据库系统,所以本章对 MySQL 数据库系统做了概括性介绍,包括 MySQL 的下载、安装和配置;另外,还比较详细地介绍了创建数据库表以及数据操作的相关命令;最后,创建了本书的综合案例"图书管理系统"的后台数据库以及相关的数据表,还通过示例介绍了 JDBC 驱动程序的下载、配置方法,以及 JDBC 应用程序访问 MySQL 数据库表的方法。

第 17 章　Rose 组件、部署视图
——实现模型

　　组件通常由一个或多个类、接口或协作组成,组件可以是程序文件、库文件、可执行文件、文档文件等。组件图显示了一组组件以及它们之间的关系,包括编译、链接或执行时组件之间的依赖关系。使用组件图可以对源代码文件以及可执行文件之间的相互关系进行建模。组件视图用来描述系统的实际物理结构。部署图展现了系统运行时系统中计算结点的拓扑结构和通信路径,以及结点上运行的组件。一个系统模型只有一个部署图,部署图描述了系统的网络结构、各个组件存放和运行的结点。

　　实现(Implementation)是把系统的设计模型转换为可以交付测试的系统的设计过程,其重点是实现软件的设计。系统软件由源程序代码、二进制可执行文件和相关的数据结构组成,这些内容以组件的形式表现,用实现模型描述。利用Rose 建模工具的支持,在正向工程中可以用组件图对将要生成的源代码进行某些控制,也可以根据源代码逆向工程得到组件图和类图。

17.1　概述

　　在系统的不同开发阶段,组件可以表现为分析组件、设计组件、实现组件和测试组件。实现组件是实现的产物,并具有源代码组件、执行组件、文件组件、库组件、表组件、文档组件等多种形式。其中,执行组件是源代码组件编译后的结果,可以直接运行;文件是信息的载体,可以是源代码、执行文件、文档等内容;库可以是类库、动态链接库、数据库等;表是数据库中的表;文档泛指形成的所有文字资料。

　　系统的实现要经过多次迭代。系统设计模型中的细化阶段已经创建了系统的基本架构,系统实现过程中的每次迭代都将建立在上一次迭代的实现的系统中,通过多次迭代就可以产生所需的系统软件。

1. 实现模型

实现模型(Implementation Model)是对系统的抽象描述。实现模型与实现系统具有一一对应的关系,实现系统由设计模型中的多个子系统组成,实现子系统又可以包含其他子系统,每个实现子系统又由组件和接口组成。

2. 工作过程

系统实现的工作包括确定实现结构、指定迭代计划、实现子系统、实现类和接口、单元测试和系统集成,如图 17.1 所示。

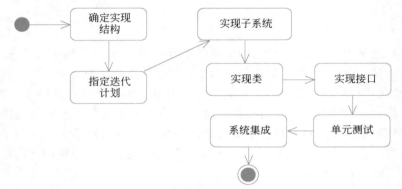

图 17.1　系统实现的工作过程

首先要确定实现结构,然后指定实现的迭代计划,接下来通过多次迭代实现各个子系统和每个子系统中的类和接口,并进行单元测试,最后把每次迭代的结果交给集成师,通过多次迭代完成实现的最终系统。

3. 实现结构

实现结构(Implementation Architecture)是由各个子系统按照确定的组成关系构成的。实现结构中,子系统的数量以及相互之间的关系与设计结构完全相同,两者之间的区别只是子系统中的内容不同。设计子系统包括用例设计、设计类和接口,而实现结构的子系统中则是组件和接口。设计子系统中的设计类在实现子系统中要转换为组件。一个组件可能包括多个设计类,但组件总是可以跟踪到设计类。设计子系统对外提供的接口与实现子系统对外提供的接口是完全相同的。

组件与类的区别如下。

- 类表示逻辑抽象,而组件则是一个物理部件。
- 组件可以存在于结点上,而类则不可以。
- 对系统的逻辑结构建模用类图,而对系统的物理组成建模则用组件图。

- 类可以直接拥有属性和操作,而组件一般只拥有能通过接口访问的操作。
- 组件通常由一个或多个类、接口组成,组件与类处于不同的抽象层次。

4. 组件设计

实现模型中的子系统由若干组件组成。在实现一个子系统时,首先要确定子系统中的各个类应包含到哪些组件中,即这项工作主要确定子系统应由哪些组件构成,但是并没有实现具体的组件,所以称为组件设计。组件设计要认真分析和设计子系统中的各个要素,确定这些要素将归入哪些组件中。

5. 类与接口的实现

类实现的工作需要编写类的程序代码,并将编写的程序代码放入组件。实现类依据设计类及其提供的接口,实现类的工作包括生成类、类的属性和类的操作代码等。

在实现一个类之前,首先要确定这个类所属的文件组件。文件组件是指类代码所在的以文件形式组织的组件,是信息在磁盘上的逻辑存储单位。系统的所有组件最终都要以文件的形式存储。在一个文件中,可以存放一个组件,也可以存放多个组件。

由于在设计类中已经对类以及类的属性和操作按照所用的程序设计语言的语法格式进行了描述,因此,只要在定义的类中描述类的各个属性就可以了。类操作的实现比属性复杂,需要用程序设计语言编制能够完成该操作的程序代码。

在实现工作中,要描述并实现接口。描述接口通过程序设计语言提供的语法格式把接口精确地描述出来,实现接口则是在类或子系统中对接口定义的操作通过确定的方法予以实现。接口的实现与类中操作的实现完全相同,无非是这些操作是接口中定义的操作。

17.2　系统组件的实现

17.2.1　组件设计

"图书管理系统"的系统组件包由 3 个公共类 BpUtil、DbChoice、Const 对应的 3 个组件组成,如图 17.2 所示。

图 17.2　组件设计

17.2.2　类的实现

1. BpUtil 类的实现

BpUtil 类定义了系统使用的公共方法,这个类的定义如程序清单 17.1 所示。

程序清单 17.1：BpUtil.java

（使用方法：刮开图书封底二维码并扫描、授权；扫描书中二维码,即可浏览、下载对应的源代码）

2. Const 类的实现

Const 类定义了系统使用的公共名称、Panel 的背景颜色等常量,这个类的定义如程序清单 17.2 所示。

程序清单 17.2：Const.java

（使用方法：刮开图书封底二维码并扫描、授权；扫描书中二维码,即可浏览、下载对应的源代码）

3. DbChoice 类的实现

DbChoice 类定义了系统用于数据库操作的实例变量与方法等,这个类的定义如程序清单 17.3 所示。

程序清单 17.3：DbChoice.java

（使用方法：刮开图书封底二维码并扫描、授权；扫描书中二维码,即可浏览、下载对应的源代码）

IconCanvas、MsgDialog、SQLExceptionDialog 这 3 个类分别对应 3 个组件，被系统的所有其他类对应的组件共同使用，在此与系统组件中的类一起进行了说明。

4. IconCanvas 类的实现

IconCanvas 类定义了加载系统界面所用的图标，这个类的定义如程序清单 17.4 所示。

程序清单 17.4：IconCanvas.java

（使用方法：刮开图书封底二维码并扫描、授权；扫描书中二维码，即可浏览、下载对应的源代码）

5. MsDialog 类的实现

MsDialog 类用于显示系统界面所用的信息对话框，这个类的定义如程序清单 17.5 所示。

程序清单 17.5：MsDialog.java

（使用方法：刮开图书封底二维码并扫描、授权；扫描书中二维码，即可浏览、下载对应的源代码）

6. SQLException 类的实现

当数据库发生异常时，SQLException 类定义了显示数据库异常信息的对话框，这个类的定义如程序清单 17.6 所示。

程序清单 17.6：SQLException.java

（使用方法：刮开图书封底二维码并扫描、授权；扫描书中二维码，即可浏

览、下载对应的源代码）

17.3　系统管理的实现

17.3.1　组件设计

图 15.21 给出了"系统管理"用例的设计类图，由该类图可以得到其组件图，如图 17.3 所示。

图 17.3　组件设计

17.3.2　类的实现

1. Bookplate 类的实现

Bookplate 和 LoginDialog 这两个类用于实现系统的主控界面。Bookplate 类用于显示系统的主控界面，LoginDialog 类用于显示用户登录对话框界面。在系统启动时，首先显示系统的登录界面，当用户输入正确的用户名和密码后，单击 Login 按钮将显示系统的主功能界面。Bookplate 类的定义如程序清单 17.7 所示。

程序清单 17.7：Bookplate.java

（使用方法：刮开图书封底二维码并扫描、授权；扫描书中二维码，即可浏览、下载对应的源代码）

2. LoginDialog 类的实现

LoginDialog 类用于处理系统的登录界面，这个类的定义如程序清单 17.8 所示。

程序清单 17.8：LoginDialog.java

（使用方法：刮开图书封底二维码并扫描、授权；扫描书中二维码，即可浏
览、下载对应的源代码）

17.4　图书信息管理的实现

17.4.1　组件设计

图 15.3 给出了"图书信息管理"用例的设计类图，由该类图可以得到其组件
图，如图 17.4 所示。

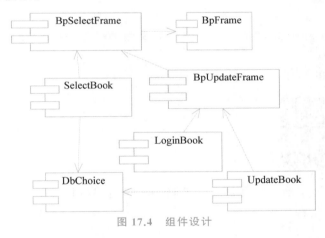

图 17.4　组件设计

17.4.2　类的实现

1. BpFrame 类的实现

BpFrame 类定义了系统基本界面的框架，这个类的定义如程序清单 17.9 所示。
程序清单 17.9：BpFrame.java

（使用方法：刮开图书封底二维码并扫描、授权；扫描书中二维码，即可浏

览、下载对应的源代码）

2. BpSelectFrame 类的实现

BpSelectFrame 类定义了系统检索界面的框架，这个类的定义如程序清单 17.10 所示。

程序清单 17.10：BpSelectFrame.java

（使用方法：刮开图书封底二维码并扫描、授权；扫描书中二维码，即可浏览、下载对应的源代码）

3. BpUpdateFrame 类的实现

BpUpdateFrame 类定义了系统更新界面的框架，这个类的定义如程序清单 17.11 所示。

程序清单 17.11：BpUpdateFrame.java

（使用方法：刮开图书封底二维码并扫描、授权；扫描书中二维码，即可浏览、下载对应的源代码）

4. SelectBook 类的实现

SelectBook 类继承了 BpSelectFrame 类，用于显示图书信息检索界面，这个类的定义如程序清单 17.12 所示。

程序清单 17.12：SelectBook.java

（使用方法：刮开图书封底二维码并扫描、授权；扫描书中二维码，即可浏览、下载对应的源代码）

5. LoginBook 类的实现

LoginBook 类继承了 BpUpdateFrame 类,用于显示图书信息登录界面,这个类的定义如程序清单 17.13 所示。

程序清单 17.13：LoginBook.java

(使用方法：刮开图书封底二维码并扫描、授权；扫描书中二维码,即可浏览、下载对应的源代码)

6. UpdateBook 类的实现

UpdateBook 类继承了 BpUpdateFrame 类,用于显示图书信息修改界面,这个类的定义如程序清单 17.14 所示。

程序清单 17.14：UpdateBook.java

(使用方法：刮开图书封底二维码并扫描、授权；扫描书中二维码,即可浏览、下载对应的源代码)

17.5　读者信息管理的实现

17.5.1　组件设计

图 15.7 给出了"读者信息管理"用例的设计类图,由该类图可以得到其组件图,如图 17.5 所示。

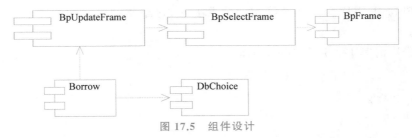

图 17.5　组件设计

17.5.2　类的实现

Borrow 类继承了 BpUpdateFrame 类,用于显示读者信息的检索、登录、修改界面。这个类的定义如程序清单 17.15 所示。

程序清单 17.15:Borrow.java

(使用方法:刮开图书封底二维码并扫描、授权;扫描书中二维码,即可浏览、下载对应的源代码)

17.6　出版社信息管理的实现

17.6.1　组件设计

图 15.9 给出了"出版社信息管理"用例的设计类图,由该类图可以得到其子系统的组件图,如图 17.6 所示。

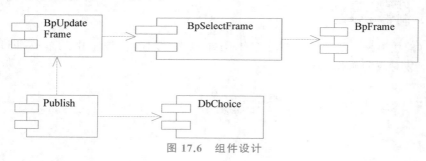

图 17.6　组件设计

17.6.2　类的实现

Publish 类定义了系统使用的公共方法,这个类的定义如程序清单 17.16 所示。

程序清单 17.16:Publish.java

（使用方法：刮开图书封底二维码并扫描、授权；扫描书中二维码，即可浏览、下载对应的源代码）

17.7　图书借还信息管理的实现

17.7.1　组件设计

图 15.12 给出了"图书借还信息管理"用例的设计类图，由该类图可以得到其子系统的组件图，如图 17.7 所示。

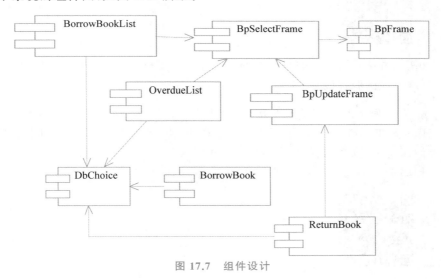

图 17.7　组件设计

17.7.2　类的实现

1. BorrowBook 类的实现

BorrowBook 类继承了 BpUpdateBook 类，用于定义系统的借书界面。BorrowBook 类可以实现 3 个功能：登录图书借阅信息，检索图书借阅信息，删除图书借阅信息。这个类的定义如程序清单 17.17 所示。

程序清单 17.17：BorrowBook.java

（使用方法：刮开图书封底二维码并扫描、授权；扫描书中二维码，即可浏览、下载对应的源代码）

2. ReturnBook 类的实现

ReturnBook 类继承了 BpUpdateBook 类，用于定义系统的还书界面。这个类的定义如程序清单 17.18 所示。

程序清单 17.18：ReturnBook.java

（使用方法：刮开图书封底二维码并扫描、授权；扫描书中二维码，即可浏览、下载对应的源代码）

3. BorrowBookList 类的实现

BorrowBookList 类继承了 BpSelectBook 类，用于显示系统的图书借出清单界面。这个类的定义如程序清单 17.19 所示。

程序清单 17.19：BorrowBookList.java

（使用方法：刮开图书封底二维码并扫描、授权；扫描书中二维码，即可浏览、下载对应的源代码）

4. OverdueList 类的实现

OverdueList 类继承了 BpSelectBook 类，用于显示系统的未按期归还图书信息与读者信息清单界面。这个类的定义如程序清单 17.20 所示。

程序清单 17.20：OverdueList.java

（使用方法：刮开图书封底二维码并扫描、授权；扫描书中二维码，即可浏览、下载对应的源代码）

17.8　系统的部署与运行

图 17.8 所示为"图书管理系统"的物理存储目录结构。

图 17.8　系统的物理存储目录结构

在运行系统之前，除了要设置 Java 编译和运行环境之外，还需要设置操作系统的环境变量 classpath。

```
classpath=E:\booklib
```

在 MS-DOS 窗口中，进入 booklib 目录，输入以下命令以编译 Java 源程序并执行编译后的 class 文件。

```
javac -cp .\src;lib\*.jar -encoding utf-8 -d src\ src\*.java
java -cp .\src;D:\booklib\lib\mysql-connector-j-8.0.32.jar;Bookplate
```

系统将首先显示登录界面，输入正确的用户名与密码（设置 MySQL 数据库的用户名与密码）后，将显示系统的主功能界面，如图 13.2 所示。

17.9　本章小结

系统实现以后，还必须对其进行测试。对于图书管理系统来说，测试的重点是实现的应用程序是否很好地支持了初始定义的用例，以及是否能够按照用例描述定义的那样正确执行。

本案例为读者展示了如何将一个系统的简要文本需求规格说明用分析模型进行建模,接着将其扩展并细化为设计模型,最后用 Java 语言与 MySQL 数据库实现整个开发过程。系统的实现是由一组人员分工完成的,而且应按照严格的先后顺序进行,但是在实际工作中,仍然会有多次的反复。设计过程中的经验和教训将及时反馈到分析模型中,现阶段发现的新情况也将直接导致设计模型的更新或修改。这种顺序的反复过程就是面向对象信息系统开发的一般方法。

参 考 文 献

［1］ 宋波. Java 应用开发教程［M］. 北京：电子工业出版社，2002.

［2］ 宋波，董晓梅. Java 应用设计［M］. 北京：人民邮电出版社，2002.

［3］ 宋波. Java Web 应用与开发教程［M］. 北京：清华大学出版社，2006.

［4］ 宋波，刘杰，杜庆东. UML 面向对象技术与实践［M］. 北京：科学出版社，2006.

［5］ 宋波. Java 程序设计——基于 JDK 9 和 NetBeans 实现［M］. 北京：清华大学出版社，2022.

［6］ 宋波. Java Web 与 JavaFX 应用与开发［M］. 北京：清华大学出版社，2022.

［7］ 埃克尔. Java 编程思想［M］. 陈昊鹏，译. 4 版. 北京：机械工业出版社，2007.

［8］ 宋波. Java 程序设计——基于 JDK 6 和 NetBeans 实现［M］. 北京：清华大学出版社，2011.

［9］ Raoul-Gabriel Urma，等. Java 8 实战［M］. 陆明刚，劳佳，译. 北京：人民邮电出版社，2016.

［10］ 千锋教育高教产品研发部. Java 语言程序设计［M］. 2 版. 北京：清华大学出版社，2017.

［11］ 希尔德特. Java 9 编程参考官方大全［M］. 吕争，李周芳，译. 北京：清华大学出版社，2018.

［12］ 林信良. Java 学习笔记［M］. 北京：清华大学出版社，2018.

［13］ 关东升. Java 编程指南［M］. 北京：清华大学出版社，2019.

［14］ 霍斯特曼. Java 核心技术 卷Ⅰ 基础知识(原书第 11 版)［M］. 北京：机械工业出版社，2019.

［15］ 黑马程序员. MySQL 数据库入门［M］. 北京：清华大学出版社，2023.